단맛 음식의 원리

단맛 음식의 원리
위로와 저주의 단맛 과학

초판 1쇄 인쇄 2024년 6월 3일
초판 1쇄 발행 2024년 6월 20일

지은이 | 노봉수   **펴낸이** | 황윤억
편집 | 김순미 문현우 황인재   **디자인** | 엔드디자인
발행처 | 헬스레터/(주)에이치링크   **등록** | 2012년 9월 14일(제2015-225호)
주소 | 서울 서초구 남부순환로 333길 36(해원빌딩 4층)   우편번호 06725
전화 | 마케팅 02)6120-0258   **편집** | 02)6120-0259   **팩스** | 02) 6120-0257
전자우편 | gold4271@naver.com   **영문명** | HL(Health Letter)

글·그림 ⓒ 노봉수, 2024
값은 뒤표지에 있습니다.

ISBN 979-11-91813-14-2   03590

五味사이언스
단맛과학

위로와
저주의
단맛 과학

단맛 음식의 원리

| 노봉수 지음 |

헬스레터

단맛은 인간이 처음으로 좋아하는 맛
생명의 단맛 '위로와 저주' 분석

체온 유지의 열 만드는 건 ATP

ATP 생성의 필수 성분은 포도당

인간의 뇌는 오직 포도당으로 ATP 만들어 활용

사람이 살아남기 위해선 제일 먼저 중요한 것은 체온이 36.5℃가 유지되어야 한다. 이를 달성하지 못하면 차가운 시신으로 바뀔 수밖에 없다. 체온을 일정하게 유지하기 위해 내 몸에서 열을 만들어야 하는데 이것이 바로 ATP이다. 우리가 살아 있는 동안 끊임없이 죽는 순간까지 ATP를 만들어야 하며 이 ATP를 만드는 데 꼭 필요한 성분이 바로 포도당이다. 사람은 이 포도당을 공급해 주기 위해서 포도당을 함유하고 있는 탄수화물을 먹어야 한다.

인간은 만물의 영장으로 두뇌 활동을 많이 하는 동물이다. 두뇌활동을 통해 다양한 생각과 판단과 문화를 이룩할 수 있을 텐데 이를 위해서도 포도당을 공급해 주어야 한다. 그 이유는 인간의 뇌는 오직 포도당을 통해서만 ATP를 만들어 활용하기 때문이다.

원시림에 놓여진 최초의 인간들은 무엇을 먹어야 안전할까?

잘 알지도 못하지만 무엇을 먹어야 살아남을 수 있을까를 고민하면서 그 선택의 기준을 맛으로 결정하였다. 먹어 보니 내 몸에서도 크게 거부 반응이 일어나지 않았고 먹으면 먹을수록 힘이 나고 계속해서 활동할 수 있다면 이런 맛을 내는 것들을 먹어야 하겠다고 판단을 하였을 것으로 추측이 된다. 그 맛이 바로 단맛이다. 생명을 유지해 줄 수 있는 단맛 말이다.

인간은 맛을 통해서만이 먹어도 괜찮은 음식과 먹어서는 안 되는 음식을 분리하였을 텐데 여러 맛 중에서도 단맛이 나는 것이 안전하다고 판단을 하였다. 태아가 엄마 배 속에서 양수의 맛이 달다고 느끼면 양수를 많이 먹는다고 한다. 엄마가 안전한 것을 공급해 준다는 이야기다. 태아 때부터 단맛에 대한 공부를 하고 세상에 태어나게 된다. 이와 같은 단맛이 너무 좋다고 지나치게 많이 선택을 하면서 우리 몸이 감당할 수 없는 사태에 도달하게 되었고 여러 질병으로 고생을 많이 하고 있다.

식품산업, 단맛 좋아하는 소비자 겨냥 상품개발
더 많은 양의 단맛 사용으로 소비자는 건강 해쳐

사실 소비자들은 단맛이 안전하다고 생각하였던 것이었고 너무 지나치게 많이 먹어도 안전에 큰 문제가 없을 것이라고 판단을 하였다. 이런 가운데 식품산업체들은 소비자들이 좋아하는 단맛을 어떻게 더 많이 공급하여 경쟁사 제품보다 더 많이 팔 수 있을까를 고민하면서 소비자들의 건강을 해치기에 이르렀다. 단맛 성분에 대한 선택이 오랜 기간에 걸쳐 지속되면서 우리 몸에서 감당하기에 어려울 지경에 이르자 여러 가지 질병의 원인이 설탕으로 쏠리면서 자본주의 사회에서조차 강제적으로 적게 먹이기 위해 설탕세를 내게 유도할 지경에 이르렀다. 그러다 보니 많은 사람들은 많은 질병이 설탕 때문이라고 생각하기에 이르렀고 최근에는 탄수화물마저도 기피의 대상이 되고 말았다.

단맛 성분이 모두 우리 몸에 나쁜 것만은 아니며 또 설탕마저도 알맞게 먹는다면 문제가 되지 않는다. 식품첨가물로 취급받는 고감미료 물질들도 식약처가 제시한 적정량은 인체에 영향을 미치지 않는 정도의 양으로 설정이 되어 안전하나 많은 사람들은 그것이 들어있느냐 들어있지 않느냐에 관심을 두고 있지 과연 인체에 적당한 양이냐 문제가 되는 양에는 관심이 없다. 이런 문제는 소비자뿐만 아니라 식품

제조업자들에게도 모두 바람직하지 못하다. 이런 문제를 해결하는 데 있어 올바른 정보를 전달한다는 것은 식품과학자의 책임이기도 하다. 이 책에서 언급하고자 하였던 단맛에 관한 정보가 그런 문제를 해결하는 데에 도움이 되었으면 한다.

이 책은 크게 다섯 파트로 나누어 구성을 하였다.

Part 1에서는 인간이 처음으로 좋아한 단맛으로 생명을 유지하는데 요긴한 단맛과 이것을 선택하여 위로와 저주를 얻게 되는 아이러니를 이야기했다.

Part 2에서는 단맛의 과학적 원리로 인간이 여러 채널을 통해 맛을 인식하게 되는 과정과 어떻게 단맛 성분이 맛을 감지하는 미각 수용체와 결합하여 느끼게 되는 메커니즘과 단맛 성분 이외에 다른 자극에 의해서도 느낄 수 있으며 유전자에 따라 그 차이가 발생하는 점을 다루었다. 특별히 단맛을 상승시켜주는 반응에 대하여 알아보고 단맛물질의 종류와 구조적 특성 및 온도에 따라 단맛이 어떻게 영향을 받는지를 다루었다.

Part 3에선 일상생활 속에서 접하는 음료, 약품, 꿀, 된장, 고구마 등에서의 단맛의 원리를 살펴보고 이제까지 100여 년간 잘못 알려져 왔던 혓바닥의 맛 지도의 잘못된 점과 어떻게 맛을 객관적으로 표준화

할 수 있는지 심리적인 부분과 함께 다루었다.

Part 4에서는 단맛을 활용하는 식품산업체의 여러 가지 딜레마를 다루어 보았다. 식품을 개발하면서 어떻게 구성 재료의 배합비를 설정하는지 소비자가 구매하지 않고는 못 배기는 매력적인 맛 즉 중독성을 지닌 신제품의 지복점(Bliss point)을 선택하는지 그리고 단맛의 피해를 최소화하기 위하여 당알코올을 비롯한 대체 가능한 물질들을 어떻게 발굴하고 활용하는지를 알아보았다.

Part 5에서는 단맛으로 인해 나타날 수 있는 질병으로 비만, 고혈당, 충치, 면역력 약화, 비알코올성 지방간, 심장질환과 설탕 중독에 대하여 알아보고 왜 균형이 있는 미각이 중요한지를 다루었다.

일반 독자뿐만 아니라 특히 식재료를 이용하여 식품을 만들어 서빙을 하는 셰프나 주방장의 입장에서도 단맛이 어떻게 전달이 되고 느끼며, 어떻게 조리하는 것이 바람직한가를 고민하여 왔을 텐데 그에 대한 해답을 제시하여 주고 싶었고 대학에서 식품을 공부하는 학생들과 대학원생들 그리고 회사에서 신제품을 개발하고자 하는 사람들에게도 궁금증을 풀어주는 좋은 정보를 제공하리라 믿는다. 내용 면에서 부족한 면이 많이 있고 좀 더 알기 쉽게 전달하지 못한 면도 있으며 또 지면 관계상 많은 것들을 모두 다 싣기에 한계가 있었다는 점을 말

씀드리며 부족한 면에 대해서 아낌없는 지적과 충고로 후일 좀 더 나

은 방향으로 개선되기를 기대해 봅니다.

2024년 3월 20일

노봉수

차례

Part 3. 단맛과 음식 원리

Part 4. 단맛과 식품산업의 딜레마

Part 5. 단맛과 질병 포비아

Part 1.

처음으로
좋아한 단맛

생명의 단맛,
위로의 단맛

사람의 체온(36.5℃), 무슨 맛으로 유지할까?

사람이 눈을 뜨고, 말하고, 생각해야 할 때 뇌에서는 여러 가지의 메시지들이 신경을 통해 전달하는데 이 과정에서 메시지가 전달되거나 직접 근육활동이 일어나려면 적은 양의 에너지라도 있어야만 가능하다. 또한 여러 효소들이 작용을 해야 호흡을 할 수 있고 맥박이 정상적으로 움직이고 사물을 인지하는 등 뇌 활동이 정상적으로 이루어진다. 이처럼 몸 안에서 일어나는 신체활동 등이 정상적으로 이루어지려면 여러 종류의 효소들이 반응을 하기 위한 적절한 온도 조건이 유지되어야 하는데 이 과정에서 필요한 에너지원인 ATP(adenosine triphosphate)를 공급해 주어야 한다. 다시 말해 사람이 생명을 유지하기 위해서는 체내의 수많은 세포에서 부지런히 ATP를 만들어 공급해 주어야 하며 ATP를 만들어 내지 못한다면 체온조차도 유지되지 못하고 모든 효소 활동이 멈추면서 결국 차가운 시신이 되고 만다.

체온유지→ATP/ ATP→포도당(단맛)
포도당은 탄수화물의 기본 물질

많은 종류의 효소들이 활동할 수 있는 환경을 조성하기 위해서 ATP가 충분히 만들어져야 하는데 최초의 시발점이 되는 영양소는 바로 포도당이다. 포도당은 식물체가 공기 중의 산소와 탄산가스를 이용하여 햇빛을 받아 광합성을 통해서 만들어낸 산물이며 우리가 섭취하는 밥이나 빵 등 음식물의 구성 성분인 탄수화물을 구성하는 기본 물질이다. 밥이나 빵을 먹어야 힘이 생기고 일을 할 수 있는 것은 바로 탄수화물을 이용하여 ATP를 만들어 낼 수 있는 포도당의 확보가 가능하기 때문이다. 물론 탄수화물 이외에 지방이나 단백질을 통해서도 에너지를 확보할 수는 있다. 그러나 가장 손쉽고 빠르게 대사 활동을 통해 에너지를 얻을 수 있는 것은 탄수화물이며 이 탄수화물을 구성하는 요소가 바로 포도당이다. 포도당은 체내에서 해당 작용과 함께 트리카르복시산 순환 과정(tricarboxylic acid cycle : TCA cycle)을 거치면서 34~38개의 에너지원인 ATP를 만들어낸다. 이 책에서는 에너지원으로 오직 탄수화물만을 중심으로 다룰 것이다.

사람들이 일하거나 운동을 할 때는 힘이 있어야 하는데 힘이 필요하다고 느낄 때 결정적인 역할을 하는 것이 바로 단맛이 나는 포도당을 함유하고 있는 음식이다. 단맛의 음식을 먹고 싶다는 욕망이 생기는 것은 결국 에너지원인 포도당을 우리 몸에서 빨리 섭취하라고 뇌가 보내는 신호이다. 이 명령에 따라 단맛이 나는 음식들을 선택한다.

탄수화물은 포도당, 맥아당, 설탕, 젖당, 말토트리오스 등 단당류, 이당류, 삼당류 등과 다당류로 올리고당, 덱스트린 등이 결합을 하고 있으며, 이들 당류는 주로 포도당으로 이루어져 있다(그림 1). 포도당이 여러 개가 결합된 탄수화물이 입안으로 유입되면 씹는 과정을 통해 입 안의 프티알린이라는 탄수화물 가수분해 효소에 의해 분해되면서 포도당뿐만 아니라 포도당과 결합한 당류로 분해된다. 이들은 단맛의 정도가 각기 다를 뿐 모두 단맛을 제공한다. 단맛은 종종 맛있는 식사나 디저트를 먹는 것과 같은 긍정적인 경험과 관련된 맛이다. 그러나 단맛이 "사람의 생명을 구하는 생명의 맛"이라고 말하기에는 다소 무리가 있을지는 모른다. 왜냐하면 신체가 제 기능을 제대로 하려면 다양한 영양소와 더불어 비타민과 미네랄이 필요하기 때문에 단맛만으로는 생명을 유지할 수 없다. 또한 설탕을 너무 많이 섭취하면 건강에 부정적인 영향을 미칠 수 있는 측면도 있지만, 단맛이 바로 생명을 유지하는 데에 꼭 필요한 영양소로서 단맛이 가져다주는 행복감과 위로감은 이루 말할 수 없다. 단맛으로 뇌가 활동할 수 있고 운동도 할 수 있으며 살 수 있다는 안도감을 가져다주는 측면은 무시할 수 없다. 단맛이 있는 물질을 섭취한다는 것은 생명 활동을 유지할 수 있다는 말이며 단맛을 감히 생명의 맛, 위로의 맛이라고 부를 수 있지 않겠는가!

그러나 같은 단맛을 갖고 있지만 에너지를 만들어 내는 데에는 전혀 관여하지 않는 것들도 있다. 인공감미료로 설탕의 수십 배에서 수백에 이르는 단맛을 가졌지만 ATP를 만들어 내는 대사 활동에는 전

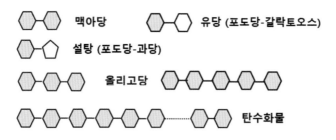

• 그림 1 • 포도당으로 구성된 여러 가지 탄수화물(회색을 띤 육각형 포도당)

혀 관여하지 않는다. 이런 인공감미료를 제외하고는 전반적으로 단맛의 성질을 가진 물질들은 ATP를 만들어 내어 생명 활동을 하는데 있어 가장 큰 역할을 하기에 단맛을 생명의 맛이라고 부를 수도 있지 않나 싶다. 인공감미료에 대해서는 후에 part 4 단맛과 식품산업의 딜레마에서 언급할 예정이다.

"단맛은 안전하다"_미각의 진화
달콤한 음식은 생존과 번식의 에너지원

인류는 상한 음식을 가리기 위해 진화 과정을 거치면서 미각이 발달할 수밖에 없었다. 단맛이 나는 음식이 가장 안전했기 때문에 안전한 음식을 선택하려고 단맛 음식부터 먹게 되었으며 지금도 단맛을 찾게 되었다고 진화론자들은 주장한다. 이것은 진화 생물학 분야에서 일반적으로 유지되는 가설이다. 인간과 다른 동물의 미각 발달은 안전한 음식과 위험한 음식을 구별하는 데 도움이 되는 생존 메커니즘으로 진화한 것으로 생각된다. 달콤한 맛은 종종 초기 인류에게 중요한 에너지원이었던 잘 익고 칼로리가 풍부한 과일과 관련이 있다. 단맛을 선호함으로써 초기 인류는 생존과 번식에 도움이 되는 영양과 칼로리가 풍부한 음식을 찾고 섭취할 가능성이 더 컸다.

수렵채취시대 때부터 식량을 확보하기가 어려운 순간들이 있었고

단맛 음식의 원리

이런 순간을 대비하여 몸 안에 보다 많은 에너지를 저장할 필요가 있었다. 인간은 이런 목적으로 단맛이 나는 음식을 찾게 되었다고 주장한다. 이것은 오랜 기간에 걸쳐 이어져 내려온 본능이다. 오늘날 우리가 6대 영양소라고 부르는 것 중 열량을 내어 에너지원으로도 비축할 수 있는 이 성분이 풍부한 음식은 대부분 단맛을 내고 있어 에너지원이 되는 달콤한 맛에 기쁨을 느끼도록 진화해 왔다는 것이다.

아이들이 왜 단맛을 찾을까?
단맛은 성장의 맛, 무의식적 행동

또 다른 주장으로 인간의 뇌는 6세가 될 때까지 급속히 성장, 발전하는데 이 과정에 가장 필요한 성분이 당분과 지방이라서 아이들이 단 음식을 찾는다는 이야기다. 당연히 인체를 구성하는 데 필요한 것이니 당분을 보충하여 자신을 성장시키려는 무의식적인 행동을 하는 가운데 단맛을 좋아하게 되었다.

설탕과 지방이 인간의 두뇌와 신체의 성장과 발달에 중요한 에너지원이라는 것은 사실이다. 인간의 뇌는 신체에서 가장 에너지 집약적인 기관 중 하나이며 제대로 기능하려면 지속적인 포도당 공급이 필요하다. 설탕과 지방은 쉽게 이용할 수 있는 에너지원을 제공하는 두 가지의 영양소이며 뇌의 성장과 발달을 지원하는 데 중요한 역할을 한다. 그러나 설탕과 지방은 건강한 성장과 발달에 필요하지만 균형 잡힌 식단의 일부로 적당히 섭취해야 한다. 설탕과 지방을 과도하게 섭취하면 비만, 당뇨병 및 심장병과 같은 건강 문제가 발생한다. 음식을 선택하는 취향이나 선호도, 이와 달리 혐오감은 생물학적, 문화적, 환경적 요인들에 의해 상호 영향을 받았으며 개인의 취향은 단일 모집단 내에서도 크게 다르지 않다. 달콤한 선호도에 대한 진화론적 설명은 우리의 음식 선호도 발달에 기여하는 많은 요인 중 하나일 뿐이며 다른 여러 관련 요인들도 함께 고려해야 한다.

단맛 음식의 원리

2 단맛의 선택과 단맛의 저주

꿀과 설탕은 약?

히포크라테스, 열이 나면 벌꿀로 치료

야생에서 과일이나 열매를 따 먹기도 하였지만 꿀을 먹을 기회도 있었다. 기록에 의하면 꿀은 무척이나 단 물질인데 의학의 아버지인 히포크라테스는 환자가 열이 날 때 벌꿀을 먹게 하여 치료를 하였다. 꿀은 수천 년 전부터 신성시되어 고대 이집트에서는 왕의 피라미드에 꿀단지를 함께 넣었다. 동양에선 다섯 가지의 장(臟)을 편안하게 해주고 독을 풀어 아픈 것을 멈추게 하는 효과가 있다고 보고 환약을 만들 때 꿀을 사용했다.

미국 펜실베이니아주립대 의대는 어린이 기침약 기침억제성분인 덱스트로메토판보다 소량의 꿀이 기침 증상과 빈도를 완화하는 데 더 효과적이라는 연구 결과를 내놓은 바 있어 우리 조상들이 고뿔(감기) 기운이 있을 때 꿀물을 타 먹이던 민간요법도 나름 효과가 있음을 증명해 보였다.

꿀은 과당과 포도당으로 구성되어 소화·흡수가 빠르고 에너지원으로 좋으며, 이외에도 꿀에 함유된 철분은 빈혈을 예방하고, 칼륨은 혈관 속의 노폐물을 제거해 혈액이 원활하게 흐르도록 돕는다. 또한 꿀에는 면역력을 높이는 미네랄이 많아 질병에 대한 저항력을 길러준다. 술 마신다음 날 숙취 해소용으로 꿀물을 마시는 이유는 비타민과 미네랄이 피로회복의 효과를 가져오기 때문이다.

오늘날 설탕은 식품 또는 원료로 다양하게 사용하고 있으나 옛날에는 귀한 식재료로 서민들은 접하기 어려웠던 탓에 한때는 약으로 활용되기도 하였다. 수도원 등에서는 이를 약으로 활용되기도 하는 가운데 그리스도 교인들이 단식 기간 동안 빵은 먹어서 안 되었지만 설탕은 먹어도 되는 것으로 판단한 이유는 신학자이기도 한 성 토마스 아퀴나스 성인이 설탕은 식품이 아니라고 판단했기 때문에 "단식 기간이라 할지라도 설탕을 먹는 것이 계율을 깨는 것이 아니다"라고 말했다. 오늘날처럼 누구나 쉽게 구할 수 있고 값이 싼 것이었더라면 그의 판단도 아마 달랐으리라 본다.

단맛 음식의 원리

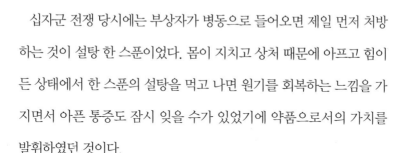

십자군 부상자,
첫 약 처방전은 설탕 한 스푼

십자군 전쟁 당시에는 부상자가 병동으로 들어오면 제일 먼저 처방하는 것이 설탕 한 스푼이었다. 몸이 지치고 상처 때문에 아프고 힘이 든 상태에서 한 스푼의 설탕을 먹고 나면 원기를 회복하는 느낌을 가지면서 아픈 통증도 잠시 잊을 수가 있었기에 약품으로서의 가치를 발휘하였던 것이다.

유럽에 본격적으로 소개되기 시작하였던 때는 노예들을 이용하여 사탕수수 농장이 번창하였던 16~17세기경이다. 이미 설탕은 만병통치약으로 통할 정도로 활용이 되었고 주로 특수층에 있는 사람들만 먹을 수 있었다. 설탕이 약 성분으로 쓰일 수 있었던 이유 중에는 이처럼 심리적 안정과 에너지원으로도 쓰인 이유도 있지만 다른 쓰디쓴 약 성분과 함께 사용하면 쓴맛을 마스킹(masking) 해주는 효과도 있고 다른 약재 성분과의 결합을 원활하게 만들어 주는 효과도 있었기 때문이다.

산업혁명은 노동자들에게도 임금이 지급되면서 보다 많은 계층에 걸쳐 설탕을 보편적으로 먹을 수 있게 되어 약이라는 개념보다는 식품이라는 생각이 자리 잡기에 이르렀다.

단맛은 모두 안전한 식품일까?

영양가 높고, 선천적으로 선호

단맛은 종종 초기 인류 역사에서 생존에 있어 중요한 과일과 꿀과 같은 고열량 식품과 연관되기 때문에 인류의 조상들은 선천적으로 단맛을 선호한 것으로 보인다. 단맛은 우리 조상들에게 음식으로 먹기에 안전하고 좋은 에너지원이라는 신호를 보냈을 것이다. 반면 쓴맛은 음식에 독소나 해로운 화합물이 있다는 신호를 보내는 경우가 많기 때문에 우리 조상들은 생존 기로에 서서 쓴맛에 대한 혐오감을 키운 것으로 생각된다.

생존에 필수적인 에너지가 풍부한 음식을 식별하는 방법으로 단맛을 선호하는 것은 진화적으로 의미 있게 보존된 특성으로 생각된다. 그래서 인류의 조상들은 단맛을 느낄 때 '이것은 안전하고 영양가 있는 음식이다'라고 생각하고 선천적으로 선호했다고 생각된다.

화학합성 단맛, 사용량에 주의가 필요하다

과학이 발달하면서 화학적 합성을 통하여 지구상에 존재하지도 않았던 새로운 물질들이 만들어 소개되었는데 이런 경우 단맛이 나더라도 반드시 안전하지 않은 경우도 있다. 자동차에 사용하는 부동액의

단맛 음식의 원리

주요 성분의 하나인 에틸렌글리콜은 단맛을 가지고 있지만 먹어서는 안 되는 공업용 물질이다. 에틸렌글리콜 분자가 단맛이 나는 이유는 에틸렌글리콜 분자 내 산소 원자 사이의 거리가 설탕 분자 내 산소 원자 사이의 거리와 비슷하기 때문에 단맛 수용체와 결합하기가 용이하기 때문이다. 그러나 에틸렌글리콜은 매우 강한 독성을 지니고 있어서 한 숟가락 정도의 양으로 여러 명의 목숨을 앗아간다. 이것 자체가 독성이라기보다는 에틸렌글리콜이 우리 몸속의 효소에 의해 산화될 때 생성되는 수산(옥살산) 때문인데 에틸렌글리콜을 삼키면 몸속에 많은 양의 수산이 갑자기 생성되어 신장이 손상되고 심하면 목숨을 잃을 정도로 위험하다. 수산은 한약재 성분이기도 한 대황(大黃)이나 시금치를 비롯한 수많은 식물에서 천연적으로 생성되지만 이런 식물들을 적당량 섭취하기 때문에 미량의 수산이 생성되어 인체에 해를 일으키지 않는다.

자일리톨이나 에리스리톨과 같은 당알코올의 경우 적정량을 섭취하면 단맛을 즐기면서 안전하게 먹을 수가 있다. 하지만 이런 당알코올이 함유된 음료를 지나치게 많이 마시면 삼투압으로 인하여 설사를 유발할 수도 있어 당알코올이 함유된 식품에는 '지나치게 많이 섭취하는 경우 건강에 해로울 수도 있다'는 경고문을 첨부해야 한다. 이런 점은 합성 감미료인 사카린의 경우에서도 마찬가지로 '지나친 양의 섭취는 건강에 해를 가져올 수 있다'는 점을 소비자에게 알려주어야 한다.

단맛을 지닌 것들이 대부분 안전하고 좋은 영양원으로 생각하는데 많은 식품첨가물의 경우 사용량이 많아지면 안전에 문제가 있는 것처럼 최근 새로이 찾아낸 단맛 물질들 중에는 양에 따라 안전을 해칠 수도 있다는 점을 명심해야 한다.

고양이는 단맛을 모른다
다른 동물은 단맛을 좋아할까?

TV를 보고 있던 한 중년 남자가 집에서 키우는 반려견이 자기 곁에 다가와 바지를 자꾸만 핥고 있었다. 이 남자는 막 소변을 보고 온 직후였다. 반사적으로 '저리 가!'하고 외쳤지만 반려견은 노즈워크 행동을 반복했다. '우리 강아지가 건강에 이상이 있는 게 아닌가' 의심이 들어 곧장 수의사를 찾아갔다. 진료 결과, 반려견은 건강에 이상이 없었고, 수의사는 견주가 소변검사를 받아 보는 게 좋겠다고 소견을 냈다. 병원에서 혈당 검사를 받은 견주는 당뇨환자로 확인됐다. 주인의 질병을 찾아낸 훌륭한 반려견의 이야기다.

인간과 마찬가지로 동물에게도 과일과 과즙은 공통적인 식품 공급원이며 단맛이 나는 음식을 선호한다. 곰은 유난히도 자연산 꿀을 좋아한다. 벌떼들의 공격도 아랑곳없이 열심히 벌집을 쑤셔 놓으면서 꿀을 먹기에 여념이 없다. 개미들도 좋아한다. 그러나 단맛에 대한 선호도는 종에 따라 다르다.

개나 생쥐는 이처럼 단맛을 느끼지만 고양이는 단맛을 전혀 느끼지 못한다. 포유류는 단백질 T1R2와 T1R3가 결합한 미각 수용체 덕분에 단맛을 느끼는데 고양이의 경우 T1R2에 대한 정보를 담고 있는 유전자 Tas1r2의 일부가 손실돼 해당 단백질이 발현되지 않았기 때문이다. 호랑이나 치타의 경우도 단맛을 감지하는 중요한 역할을 하는 유전자에 이상이 있어 단맛을 느끼지 못한다. 동물에게 미각은 무엇을 먹고, 무엇을 먹지 말아야 할지 알려주는 기능이라고 봤을 때, 고양이에게 탄수화물의 단맛은 그리 중요한 미각이 아니라는 의미이다. 하지만 달콤한 초콜릿은 좋아하여 주인이 초콜릿을 먹으려고 하면 가까이 와서 킁킁거리면서 달라고 하는 행동을 보인다. 이는 초콜릿의 단맛 때문이 아니라 초콜릿 성분 중 하나인 지방 성분이 포함되어 있어 지방의 맛을 즐기기 때문에 그러한 행동을 보여준다.

아마도 모든 동물들이 단맛을 좋아하고 단맛을 감지하는 유전자를 지녔다고 한다면 인간이 지구상에 살아남아 있기가 무척 어려웠을는지 모를 일이다. 동물마다 서로 좋아하는 맛들에 차이가 있다는 것은 그만큼 다양한 종(種)들이 지구상에 살아남게 된 계기가 아닐까 싶다.

Part 2.

단맛의
과학적 원리

맛 인식의
메커니즘

맛봉오리 분포도

신생아 : 혀와 목구멍, 입천장까지 미각

노인 : 맛봉오리의 미각 기능 점차 퇴화

음식을 먹은 지 얼마 안 되는 매우 짧은 순간에도, 입안에서 '이것은 단맛이 나는 음식이구나!'라고 금세 느낀다. 이는 미각 수용체 중 단맛을 감지하는 미각 수용체의 맛봉오리와 결합하면서 신경세포의 끝 가지에서부터 시냅스(한 뉴런에서 다른 뉴런으로 신호를 전달하는 연결 지점) 공간에 이르기까지 신경전달물질이 뉴런과 시냅스 간에 신호전달을 통해 발생되는 전기적인 신호가 신경을 통해 매우 빠르게 뇌로 전달

단맛 음식의 원리

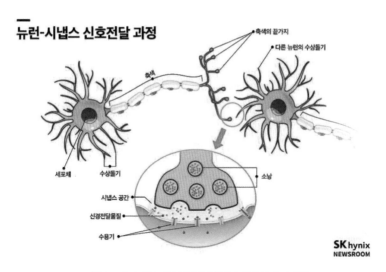

뉴런-시냅스 신호전달 과정

축색의 끝가지
다른 뉴런의 수상돌기
축색
세포체
수상돌기
소낭
시냅스 공간
신경전달물질
수용기

SK hynix
NEWSROOM

· 그림 1 · 스커미온 기반 차세대 컴퓨팅 뉴로모픽 소자 개발

(출처 : 장준영, 2020)

되기 때문이다(그림 1). 뇌에서는 오랜 기간에 걸쳐 이와 같은 신호를 접하면 맛이 단맛이라는 정보를 지속적으로 수집하여 입력되어 왔다. 이같은 반응 활동이 반복되면서 뇌로부터 이것이 단맛이라는 정보로 다시 추출하여 인식하게 된다.

인식된 정보가 저장되는 과정과 이를 다시 추출하는 과정이 반복되는 학습(learning)효과를 통하여 하나의 기억으로 남게 된다. 이 과정에서 신경을 통해 전달되는 전기적인 신호가 맛을 결정하는 중요한 역할을 한다는 사실을 알게 되었다. 마치 오늘날 인공지능이 수많은 정보를 판단 분석하여 과거 학습된 정보와 비교하여 상대적으로 정확도가 높은 정보를 제공하여 주듯이 말이다.

신생아들의 경우 입안의 맛봉오리가 혓바닥뿐만 아니라 혀의 옆면, 목구멍, 입천장 등 입안 전체에 분포되어 있어 맛봉오리의 숫자가 훨씬 적은 성인이 느끼기에는 밋밋한 모유나 우유도 맛있게 느낄 정도로 예민하게 발달해 있다. 유아들이 성장해 가면서 이런 맛봉오리들은 점차 퇴화해 사라지기 시작하는데 나이가 들수록 맛봉오리들은 제 기능을 못 하게 된다. 할머니들은 알맞게 조리된 음식이라 할지라도 미각 기능이 떨어져 맛을 제대로 느끼지 못해 '너무 싱겁다'고 소금이나 간장을 자꾸만 첨가하여 짜서 먹기 곤란한 반찬으로 만들어 버린다. 이는 신경세포나 축색 등이 퇴화해 전기적인 신호 전달이 안 되기도 하고 이미 학습을 통해 입력된 정보를 제때 끄집어내지 못해 맛에 대한 평가를 올바로 할 수가 없기 때문이다. 이처럼 혀와 뇌 사이의 신호전달을 통해 정보가 서로 전달되며 맛을 인식한다.

맛감각은 입에서만 할까?
소장과 대장에서도 단맛 감각 밝혀져

최근에는 장-뇌 축은 장(소장, 대장)과 뇌 사이의 양방향 통신을 나타내는데 4개의 정보 운반체(미주신경 및 척수 구심성 뉴런, 사이토카인과 같은 면역 매개체, 장 호르몬 및 장내 미생물 유래 신호 분자)는 장에서 뇌로

단맛 음식의 원리

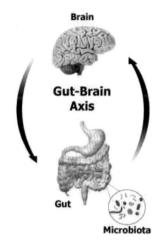

• 그림 2 • 장내 미생물과 뇌의 축
(출처 : https://www.kaitlincolucci.com)

정보를 전송하는 반면 자율 신경 및 신경 내분비 인자는 출력을 뇌에서 장으로 전달한다. 생물학적 활성 펩티드인 NPY, 펩티드 YY(PYY) 및 췌장 폴리펩티드(PP)의 신경펩티드 Y(NPY) 계열 구성원은 장-뇌 축의 뚜렷한 수준에서 세포 시스템에 의해 발현된다는 것이 알려졌다 (그림 2).

신호전달 시스템에서 중요한 역할을 하는 신경펩티드 Y(neuropeptide Y)라는 신호전달물질이 활동한다는 사실을 새롭게 확인하였다. 신경 펩티드 Y가 뇌뿐만 아니라 장(gut)에서도 존재하는 물질로 동정된 바 있어 음식을 섭취하는 것, 에너지의 항상성, 불안, 기분 및 스트레스 회복력을 조절하는 데 중요한 역할을 하고 있다. 특히 맛을 느끼는 것이 혓바닥뿐만 아니라 장에서도 인지할 수가 있고 또 뇌로 전달될 수 있다는 사실들이 밝혀졌다.

단맛 물질 구조가 미각 수용체와 결합
에너지 레벨이 안전한 요철 모양과 결합

미각 수용체는 단맛, 신맛, 짠맛, 쓴맛 등 다양한 맛을 감지할 수 있다. 포도당이나 설탕과 같은 단맛을 내는 분자가 미각 수용체와 접촉하여 뇌에 단맛을 감지하게 되는 메커니즘은 다음과 같다(그림 3). 포도당이나 설탕과 같은 단맛을 내는 물질이 체내 흡수하여 세포를 통과하여야 맛을 느낀다. 단맛은 미각 수용체라고 하는 특화된 세포를 포함하는 혀의 미뢰에 의해 감지되는데 단맛 물질이 혓바닥에 닿으면 단맛을 감지하는 미각 수용체와 요철 모양의 결합을 하여 뇌로 전기적인 신호를 보내준다.

이 과정에서 단맛이 감지되는 특정 메커니즘은 G 단백질 결합 수용체(G protein-coupled receptor, GPCR)라고 하는 특정 유형의 미각 수용체에 결합하는 단맛 분자에서 시작된다. 이 결합으로 인해 GPCR이 모양을 변경하고 연결된 G 단백질이 활성화된다. 활성화된 G 단백질은 두 번째 메신저 시스템을 활성화하여 미각 수용체 세포의 이온 채널을 연다. 이로 인해 양전하를 띤 이온이 세포로 유입되어 세포막을

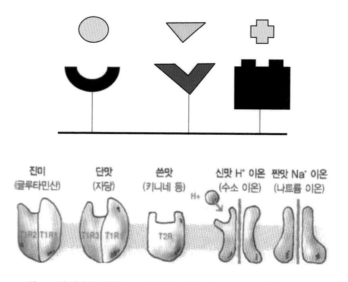

진미　　　　단맛　　　　쓴맛　　　　신맛 H⁺ 이온　짠맛 Na⁺ 이온
(글루타민산)　(자당)　　(키니네 등)　(수소 이온)　(나트륨 이온)

· 그림 3 · 맛 성분의 전기적 신호 전달방법 및 맛 성분과 미각 수용체간의 요철 관계

(노봉수, 2008)

가로지르는 전위의 변화가 발생한다. 전위의 이러한 변화는 단맛의
감각으로 해석되는 뇌로 보내지는 신경 임펄스를 생성한다. 단맛이나
쓴맛, 감칠맛의 수용체는 요철 모양의 형태로 미각 수용체와 맛 성분
간의 결합 부위 모형이 서로 딱 맞아떨어져야 전기적인 신호가 전달
될 수 있는데 반하여 신맛이나 짠맛은 이온이 채널을 통과하는 과정
에 전기적인 신호가 전달되어 맛을 인식한다는 점이 다르다(그림 3).

　처음에는 이것이 무슨 맛인지 분별하지 못하나 이와 같은 맛을 단맛
이라고 규정하고 나면 이런 경험이 오랫동안 반복되면서 보다 확고히
단맛이라는 것을 인지하게 되고 이후 이미 숙지한 결과와 우리가 선

택한 성분의 맛이 일치하면 '이 맛이 단맛이구나!'라고 인정을 하며 단맛을 느끼게 되는 과정을 말한다. 이런 과정이 반복되면서 해당 물질의 맛을 인식하게 되어 다른 맛들, 쓴맛, 감칠맛, 짠맛, 신맛 등도 같은 반복과정을 거쳐 뇌에서 인식한다.

맛을 신경을 통해 뇌로 전달하는 과정에서 맨 처음 맛 성분과 접촉을 하는 부위가 미각 수용체인데 단맛을 가진 물질의 구조는 미각 수용체와 결합하여 에너지 레벨이 안전한 요철 모양과 같은 입체적인 구조의 특징을 가져야만 단맛을 나타낸다. 즉 미각 수용체의 기능 그룹 두 군데 이상이 단맛 성분과 수소 결합에 의해 결합할 수 있는 장소가 있어야 한다. 단맛을 가진 물질들의 구조적인 특징에 대하여 많은 과학자들이 오랜 기간 동안 연구해 왔으나 화합물들의 구조가 다양하여 모두가 다 이렇다고 주장하기에는 한계가 있다.

단맛 수용체, 췌장과 뇌에서도 추가로 발견

이제까지 알려진 이론 중에는 단맛 성분의 기능 그룹(-A라 하고 여기에 수소 원자가 붙어 있는 상태를 -AH라고 하자)이 미각 수용체의 기능 그룹(-B)과의 수소결합을 통하여 결합할 때 단맛을 느낀다는 점이다. 이때 단맛 성분의 기능 그룹(-AH)으로부터 $3Å(3 \times 10^{-8}m)$거리에 미각 수용체의 기능 그룹(-B)과 결합하고 또 다른 기능 그룹(-AH)이 미각

단맛 음식의 원리

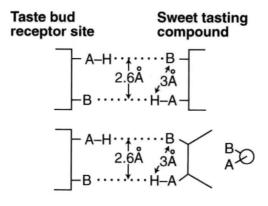

· 그림 4 · 미각 수용체의 결합 부위 단맛 성분

수용체와 단맛 성분과의 수소결합을 통하여 결합을 해야 하는데 이 또한 미각 수용체의 기능 그룹(–B)과는 3Å(3x10⁻⁸m) 거리 내에 있어야 한다. 그래야만 단맛 성분이 단맛 미각 수용체와 수소결합을 할 수가 있다. 이런 주장은 샬렌버거(Shallenberger) 연구팀이 주장하는 AH−B 학설인데 이것은 당 종류가 아닌 아미노산이나 디펩티드 중에서 단맛을 가진 성분들에서도 잘 적용이 되고 있다(그림 4).

단맛 수용체는 혀뿐만 아니라 위장, 소장, 췌장 및 뇌와 같은 신체의 다른 부분에서도 발견되며 이러한 수용체는 신진대사와 식욕을 조절하는 역할을 한다는 점은 주목할 만한 가치가 있는 부분이다.

맛을 처리하고 해석하는 중요한 영역인 미각 피질은 뇌에 위치해 있다. 미각 피질은 맛을 인지하고, 다양한 맛을 구분하고, 맛에 대한 경험과 기억을 형성한다. 이러한 과정을 통해 우리는 단맛, 신맛, 쓴맛, 짠맛 등 다양한 맛을 구별하고 즐길 수 있다. 따라서, 맛을 감지하는 센서인 맛 수용체는 혀뿐만 아니라 장과 뇌에서도 중요한 역할을 한다. 맛을 인지하는 과정은 혀의 감지와 뇌의 신경 활동의 상호작용으로 이루어지며, 이를 통해 우리는 음식의 다양한 맛을 경험할 수 있다.

2 유사 단맛 물질에 의한 자극

단맛 인식은 단맛 물질에 의해서만 가능할까?

착각하는 단맛은 없을까?

이론적으로 단맛이 아닌 물질이 혀의 단맛 수용체를 활성화하면 단맛을 전달하는 신경에 유사한 자극을 전달해 주는 것은 가능하다. 이것은 단맛이 없는 화합물과 단맛이 나는 화합물의 구조가 유사하여 신경 메커니즘에 의해 전달되는 과정에서 혼동을 일으킬 정도라면 맛을 지각하는 과정에서 착각은 충분히 발생할 가능성이 있다. 예를 들어, 특정 쓴맛을 내는 화합물의 구조가 단맛 수용체를 활성화시킬 수 있을 정도로 구조적 유사성을 지녔다면 가능할 수 있다. 또 단맛은 없지만 달콤한 냄새의 경우에도 뇌의 단맛 수용체를 활성화할 수가 있다. 그러나 이러한 종류의 것을 교차하여 두 가지의 맛을 지각하는 것은 흔한 일은 아니다. 일반적으로 단맛 수용체를 활성화시킬 수 있는 자극은 달콤한 물질 자체에 의해서 가능하다.

빛으로도 단맛 인식 가능할까?
밝은 빛으로 단맛 수용체 활성화 가능할까?

단맛에 대한 인식은 혀의 미각 수용체에 국한될 뿐만 아니라 시각적 단서나 다른 감각의 입력을 처리할 수 있는 뇌도 포함한다는 점에 주목할 가치가 있으며 뇌는 이러한 모든 입력을 통합하고 응집력 있는 경험을 토대로 해석을 한다. 다시 말해, 밝은 빛이 단맛과 연관되어 있다면 단맛에 대한 인식에 영향을 미칠 수도 있지만 혀와 뇌의 단맛 수용체를 활성화시키는 것은 여전히 단맛 성분이다.

이런 궁금증을 풀어 보기 위한 재미있는 동물실험이 시행되었다. 포도당과 같은 단맛 성분을 제공하는 경우와 쓴맛 성분이 함유되어 먹기 싫은 것을 함께 제공하면서 신경으로 전달될 때의 전기적 자극을 주어 비교하였다. 단맛 성분의 경우 정상적인 전기 자극이 발생하여 전달되었으나 쓴맛 성분을 전달하는 경우에는 신생쥐의 신경세포

단맛성분　　　쓴맛성분　　　쓴맛성분

• 그림 5 • 단맛/쓴맛 성분을 맛볼 때 신경전달물질 대신에 빛의 자극이 주는 효과

에 전기적 자극 대신에 인위적으로 빛을 쪼이면서 어떤 반응을 보이는가를 관찰하였다. 전기적인 신호가 아닌 빛을 제공했는데 놀랍게도 쓴맛 성분에 대하여 단맛 성분을 먹었을 때처럼 같은 행동한다는 것을 발견하였다. 이것은 신경세포(뉴런)가 빛의 신호를 받고 마치 미각 수용체에서 전달해 온 전기적인 신호로 착각할 수 있음을 의미한다(그림 5).

신경세포에 신경전달물질이 아닌 빛으로 자극을 주어도 반응을 한다는 결론을 토대로 다음과 같은 실험을 더 해 보았다. 사전에 쥐에게 맹물을 주면서 또 쥐의 미각 피질에 있는 단맛 뉴런을 자극하였더니 5초 동안 맹물을 핥는 횟수가 설탕물을 주었을 때 수준으로 크게 늘었다. 반면, 쓴맛 뉴런에 자극을 한 경우에는 맹물을 핥는 횟수가 맛이 쓴 물을 핥았을 때 수준으로 뚝 떨어졌다. 다시 말하면 혀에서 전달되는 미각과 관련된 전기신호가 없더라도 빛과 같은 다른 자극을 제공하면 잘못된 맛으로 지각할 수도 있다. 이처럼 전기적 신호가 신경을 통해 뇌로 전달되는 메커니즘을 인위적으로 조작을 하면 전혀 다른 맛을 느낄 수 있게 유도할 수도 있다는 점을 발견하였다.

미각 피질의 뉴런이 활성화되면 뇌에는 맛과 관련된 정보가 전달된다. 이 때 동물이나 사람은 적절한 반응이나 행동을 보여준다. 하지만 단맛에 대해서는 계속해서 먹고자 하고 쓴맛에 대해서는 더 이상 그것을 선택하지 않으려는 경향을 보여주었다.

전자 숟가락으로 맛 조절 가능할까?
짠맛 조절 실험에서 성공한 사례

최근 이와 같은 성질을 활용하여 전자 숟가락이 발명되어 소개된 바 있다. 런던 대학교 아드리안 처크 교수팀은 이와 유사한 원리를 이용하여 전자 숟가락의 모델을 개발하고 채소를 먹으면서도 초콜릿 맛을 느끼게 만들 수가 있고, 짭짤하지 않은 음식을 먹으면서도 착각하여 마치 짠맛을 지닌 음식을 먹고 있는 것으로 느낄 수 있는 전자 숟가락을 소개하였다. 당초 신장 기능이 떨어져 소금의 섭취를 제한하여야 하는 사람을 위하여 짠맛을 조절할 수 있는 장치를 제안하였는데 일반적으로 소금이 함유되지 않은 식품을 섭취하면 정말로 맛이 없어서

단맛 음식의 원리

도저히 먹기가 어렵다. 이런 부류의 사람들에게는 짜지 않은 음식을 먹으면서도 실제적으로는 짜다고 느낄 수 있게 유도한다면 매우 만족할 수 있다. 소금을 비롯한 짠맛 성분이 많이 함유되지 않아 싱겁게 느껴지는 식품이더라도 특별하게 고안된 전자 숟가락을 이용하여 해당 음식을 먹으면 숟가락에서 짠맛을 감지하는 미각 수용체에 전기적인 가벼운 자극을 전달하여 신장 기능이 나빠지지 않으면서 짠 음식을 정상인처럼 맛있게 식사를 하고 있다고 착각하게 만든다.

이처럼 뇌의 판단을 전기적 자극을 유도하여 착각하게 만들어 주는 시도가 단맛 성분에도 적용될 수 있다면 단 음식을 너무 먹고 싶어 하는 당뇨환자들에게 달지 않은 음식을 제공하면서도 충분히 단맛의 기쁨을 느낄 수 있게 별도의 자극을 제공해 줄 수 있는 일이 가능하다. 전기적 자극 이외에 향기 카트리지나 LED를 사용하여 전극을 사용하는 잔으로 마시면 일반적인 물에서 다양한 향을 느낄 수 있는 가상 칵테일을 느낄 수 있는 장치도 소개되었다. 이러한 변화는 가상현실 세계로 점차 진입해 가고 있는 과정이라고 여겨진다.

3

장내에서도
단맛 인지

소장, 단맛-감칠맛-쓴맛을 감지

많은 사람들은 혓바닥의 맛봉오리를 통해서만 맛을 느끼는 것이라고 생각하여 왔으나 최근 소장에도 단맛을 감지하는 세포가 있어 당분의 흡수가 적절히 이루어지는지 여부를 조절한다는 사실이 밝혀진 바 있다. 소장은 주로 섭취한 음식물 속의 각종 영양소 성분들이 흡수되는 장소다.

뇌와 신경계는 장에서 소화와 대사를 조절하는 데 중요한 역할을 하는데 장-뇌 축은 장과 뇌 사이의 복잡한 통신 네트워크로 구성되어 미각을 포함한 여러 가지의 생리적 과정에 영향을 미친다. 장에는 장

단맛 음식의 원리

내막에 위치한 엔테로크로마핀(enterochromaffin) 세포라고 하는 고유한 미각 수용체가 있으며 단맛, 감칠맛 및 쓴맛을 포함한 몇 가지 유형의 맛에 대해 감지 기능을 보인다. 이러한 미각 수용체는 위와 소장을 포함한 장의 다양한 영역에서 발견되었으며 특별히 달콤한 화합물에 반응을 한다. 그것은 단맛 물질이 충분히 섭취되어 흡수 가능한 양이 어느 정도 도달되었느냐에 따라 식사 중 포만감을 느끼게 할 것인지 여부를 결정하는 데에 필요한 정보를 제공한다.

그러나 장에서 인지하는 미각은 혓바닥에서 인지하는 미각의 메커니즘과는 다소 차이가 있다. 장에도 미각 수용체가 있지만 혀의 미각 수용체만큼 전문화되어 있지 못하며 그 수도 많지 않다. 장의 미각 수용체는 주로 장의 내용물을 대략적으로 모니터링하는 수준으로 배가 고픈지 부른지 여부를 판단하거나, 소화 및 신진대사를 조절하는 데 도움이 되는 영양소들이 충분히 존재하는지 여부를 뇌에 알려주는 역할을 한다. 이런 역할에 따라 뇌는 인체 내의 전체적인 신진대사 과정을 조절한다.

좀 더 구체적으로 살펴보면 장에서 단맛 수용체 소단위 T1R3와 맛 G 단백질인 구스트듀신(gustducin)이 존재한다는 점은 장이 달콤한 화합물을 감지하고 뇌에 신호를 보내줄 수 있다는 점이다. T1R3와 구스트듀신(gustducin)은 혀의 단맛을 감지하는 데서도 중요한 역할을 한다. 이러한 수용체와 단백질은 달콤한 화합물에 결합하는 복합체를 형성하고 단맛에 대한 인식을 유도하는 신호 캐스케이드 과정을 거쳐서 전달된다. 장에서 이러한 수용체와 단백질의 존재는 장에 유입된 달콤한 화합물을 감지하고 뇌에 신호를 보내는 유사한 메커니즘이 있으며 장이 어떻게 감지하고 전반적인 미각을 인식하거나, 소화, 신진대사 및 기타 생리적 과정에 영향을 미치는 신호를 뇌에 보낼 수 있는지 설명하는 데 도움이 된다. 하지만 미각 수용체가 장의 표면이 아닌 내벽에 위치하고 있어 음식과 실체적으로 접촉하기가 어렵고 미각 수용체의 수도 적어 혓바닥의 미각 수용체보다 정확한 정보를 제공하는 데에는 한계가 있다.

장내 미각 목적은 대사 과정 조절

그럼에도 불구하고 우리가 섭취하여 가수분해시킨 포도당이 어느 정도인가를 감지하고, 흡수하는 작용을 조절함으로써 혈당도 조절할 수 있으며 체내에서 가수분해가 된 포도당이 소장의 이 미각 수용체를 활성화시키면 인슐린 분비라든지 식욕을 조절하는 호르몬인 글루카곤 유사 펩티드-1(GLP-1)의 분비가 촉진되어 체내에 흡수되는 포도당의 양을 조절할 수가 있다. 이러한 사실들을 밝혀낸 미국의 마골스키 교수팀은 소장의 미각 수용체 활동을 인위적으로 조절할 수 있

단맛 음식의 원리

는 방법을 개발할 수 있다면 소장에서 포도당을 지나치게 흡수하여 발생되는 비만이나 당뇨병 및 흡수 장애에 대하여 새로운 치료법을 향후 제공할 수 있을 것이라고 예견한 바 있다.

고려대의 이성준 교수연구팀은 이소발현 후각 수용체의 활성조절을 통해 식품 향기 성분이 장내 호르몬인 GLP-1 분비 및 장 염증을 조절하는 메커니즘을 밝혀내기도 하였는데 맛을 감지하는 미각 수용체와 유사하게 향기를 감지하는 후각 수용체가 장내에서 대사조절에 관여하여 장내에서는 미각뿐만 아니라 후각을 감지하는 시스템이 생리작용을 조절해 나감을 보여주었다.

장에서의 미각 인지는 음식물을 선택하는 과정이라기보다는 체내에서 일어나는 대사 과정을 조절하는 데 도움을 줄 수 있는 차원으로 미각 수용체의 필요성이 요구되며 그런 방향으로 진화되어 왔다.

사람마다 다른
단맛의 인지 정도

4

왜, 사람마다 좋아하는 단맛 강도 다를까?

유전자의 복합적 작용 따라 '민감도 제각각'

단맛에 대한 인식은 유전적 요인과 환경적 요인에 따라 사람마다 다르다. 유전적 요인으로 단맛을 인식하는 방식에 영향을 줄 수 있는 미각 수용체가 유전적으로 변이가 있기 때문이다. 예를 들어, 어떤 사람들은 단맛에 대한 민감도가 더 높아 다른 사람들이 덜 달다고 느끼는 음식에서도 단맛을 느낄 수 있다. 또 다른 사람들은 단맛에 대한 민감도가 낮아서 같은 음식에서 단맛을 덜 느낄 수 있다. 이처럼 태어날때 유전적 차이를 안고 태어난 경우 맛에 대한 선호도가 다르다.

또 다른 요인은 환경으로 개인의 경험과 학습된 선호도가 음식 맛에 영향을 미칠 수 있기 때문이다. 어떤 사람이 단 음식을 먹는 데 매우 익숙하다면 같은 음식을 먹더라도 점차 덜 단 맛이 난다고 말한다. 반면, 단 음식을 먹는 데 익숙하지 않은 사람은 달지 않은 음식을 먹어도 때에 따라 매우 달게 느껴질 수 있다. 사람마다 각기 다른 환경에서 익숙해진 맛에 대한 영향으로 차이를 보일 수 있다.

마지막으로 사람들의 취향 선호도는 개인적이며 단맛, 신맛, 짠맛, 매운맛, 쓴맛 음식에 대한 선호도가 다를 수 있으며, 이는 음식의 단맛을 인식하는 방식에도 영향을 미칠 수 있다. 이것은 유전적 요인에 의해 특정 유전자가 없거나 변형되었을 수도 있으며 어떤 종류의 음식을 먹어 왔느냐는 환경적 요인들에 의해 선호도가 영향을 받아 사람마다 단맛의 정도를 다르게 인식, 평가할 수 있다.

지난 수십 년간 쓴맛에 대한 유전적인 연구는 지속적으로 진행되어 왔지만, 단맛에 대한 유전적 연구는 미미했던 게 사실이다. 과학자들은 수많은 다른 형태의 단맛을 어떻게 감지하는지 분자학적으로 밝혀내지 못하였다. 최근에 와서 사람이 단맛을 느끼는 것은 여러 유전자의 복합적인 작용에 의한 것이며 사람마다 단맛을 느끼는 정도에 차이가 있어 제각각이란 연구 결과가 나왔다. 미국 펜실베이니아 주립대 존 헤이즈 교수 연구팀은 실험에 참가한 사람들에게 인공감미료의 일종인 아세설팜 K를 맛보게 하고 이들이 반응한 정도를 이들의 유전자 프로파일과 비교 분석하였다.

연구에 사용된 아세설팜 K는 탄산음료 등에서 단맛을 내기 위해 첨가되는 고감미료 중 하나이다. 존 헤이즈 교수 연구팀은 참가자 중 일부는 아세설팜 K가 달다고 반응했지만, 또 다른 일부는 단맛과 함께 쓴맛도 느낀다고 하였다. 연구팀은 쓴맛을 느낀 사람들의 감지하는 수용체 유전자 중 TAS2R9와 TAS2R31의 두 변종 때문에 아세설팜 K에서 쓴맛도 느낀다는 것을 알아내었다. 이 두 개의 유전자는 각각 독립적으로 작용하지만 또 한편으로는 이들이 합쳐서 맛에 대한 다양한 반응을 유발하기도 한다는 점이다. 사람들마다 단맛과 쓴맛을 느끼는 능력이 다를 수 있다고 알았지만, 그것이 분자적 기반으로 한 유전자의 차이에서 기인한다는 점은 최근에 와서야 알아내었다. 중요한 점은 이런 유전자 변종에 의해 또 다른 맛을 느낄 수 있다.

실험쥐를 대상으로 한 연구에서 유전적으로 무칼로리인 고감미료와 천연당의 감지 경로와 오직 단맛에만 반응하는 경로가 따로 존재하는 것으로 밝혀졌다. 우리 모두가 일상적인 식단에서 당의 양을 줄여야 한다는 것을 알고 있지만, 지금 당장 당분의 일정량을 감지를 할 수 있는 도구가 없어서 한계는 있다. 그렇지만 개인의 단맛 민감도에 대한 유전적 차이를 파악할 수 있다면 여러 건강정보와 생활습관에 관한 정보를 인공지능을 통하여 설탕이나 당분의 양을 줄여 나갈 수 있는 방법을 찾을 수 있을 것이고 이런 부분이 향후 제 4차 산업혁명 시대에 개인별 슈퍼 맞춤형 식단을 구성하는 데에도 큰 도움이 되리라 본다.(그림 6, 그림 7)

단맛 음식의 원리

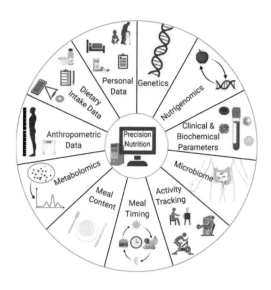

· 그림 6 · 개인별 영양 조언을 위한 사람의 바이오 및 건강정보와 생활습관의 요소들

(출처 : Kirk D 등 2021)

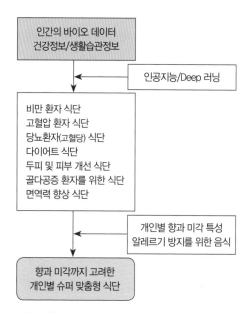

· 그림 7 · 향과 미각까지 고려한 개인별 슈퍼 맞춤형 식단의 개발

(출처 : 노봉수, 2024)

5 쌍둥이의 단맛 인지 차이

쌍둥이의 단맛 민감도는 동일할까?

단맛 유전요인은 30%에 불과

    미국 모넬화학 감각센터의 행동학적 유전학자 다니엘레 리드 박사와 호주의 퀸즈랜드 대학의 황 교수팀은 재미있는 연구를 하였다. 일반 사람이 아닌 쌍둥이들의 경우 유전자가 거의 유사하다고 가정한다면 비슷한 맛에 대하여 느끼는 감각 정도가 비슷할 것이라는 가정 아래 243쌍의 일란성 쌍둥이와 452쌍의 이란성 쌍둥이, 그리고 일반인 511명을 대상으로 단맛에 대한 민감도를 결정하는 것이 어떤 이유로 인한 것인지를 살펴보았다. 그리고 선천적으로 물려받은 유전자가 과

    단맛 음식의 원리

연 맛을 느끼는데 얼마나 영향을 주는지를 연구하였다. 일란성 쌍둥이는 유전적으로 거의 동일하지만, 이란성 쌍둥이는 유전적으로 절반만 유전자가 비슷하다는 점에 착안하여 이들 쌍둥이들의 유전적인 동일함이 그들의 단맛 강도 및 민감도에 얼마나 영향을 미치는지를 살펴보았다. 이 연구팀은 개인별로 4가지 감미제가 함유된 용액(sweet solution)을 맛보게 하고 그 단맛을 느끼는 강도(민감도)를 측정했다. 연구에 이용된 4가지 감미제로는 과당, 포도당과 합성 감미료인 아스파탐, 네오헤스페리딘 디하이드로칼콘 등 이었다.

쌍둥이와 일반인들의 단맛 민감도를 분석한 결과, 단맛에 대한 민감도는 유전적인 성향이 30% 정도 관여하는 것으로 나타났다. 나머지 70%는 다른 요인에 의해 영향을 받았다. 다시 말해서 유전적으로 단맛을 느끼는 민감도가 낮으면, 단맛을 느끼는 민감도가 높은 경우보다 당분의 양을 더 많이 섭취하게 된다. 이들 연구팀은 단맛을 느끼는 감각에 관련된 유전자가 일부 손실된 상태에서 태어난 사람들의 경우 커피를 마실 때 설탕을 한가득 넣는다든지, 뭐든 달게 먹으려 한다는 점이 밝혀졌다.

결론적으로 말한다면 다른 형제자매와 마찬가지로 쌍둥이도 일부 유전적 유사성을 공유하지만 고유한 유전적 구성도 가지고 있다. 따라서 일란성 쌍둥이가 단맛에 대해 비슷한 인식을 가질 수 있지만 그렇다고 쌍둥이라고 모두 같은 감각의 정도를 가진다고 말할 수는 없다. 일란성 쌍둥이가 미각 수용체에 동일한 유전적 변이를 가지고 있다면 단맛에 대한 비슷한 인식을 가질 가능성이 높다. 그러나 유전적 변이가 다른 경우 단맛에 대한 인식이 다를 수밖에 없다. 또한 일란성 쌍둥이가 유사한 유전적 변이를 가지고 있더라도 단맛에 대한 인식은 자라온 환경 및 개인이 각자 경험한 것 등 다른 요인에 의해 여전히 영향을 받을 수 있으며, 이는 단맛에 대한 인식의 차이로 이어진다.

단맛을 느끼는 정도는 쌍둥이의 유전자에 의해 다소 영향을 받지만 성장하면서 접하게 되는 식습관이나 생활 패턴 등에 의해서도 많은 영향을 받는다. 맛을 느끼는 감각은 유전에 의해서만 결정되는 것이 결코 아니다.

단맛 음식의 원리

단맛 수용체와 결합 정도

<u>6</u>

인간의 단맛 수용체가 어떻게 진화되었는지는 완전히 이해되지 않은 부분으로 매우 복잡하리라 추측된다. 그러나 단 음식을 맛볼 수 있는 능력은 과일이나 기타 달콤한 식물과 같은 에너지원을 식별하고 소비할 수 있었기 때문에 인류의 탄생이라 할 수 있는 초기 인간들로서는 적응하는 문제가 매우 중요하였을 것으로 생각된다. 인간의 단맛 수용체는 천연당에 대해서는 약하게 결합하도록 진화했을 가능성이 있다. 왜냐하면 자연에서 확보되는 당은 많은 경우 적은 농도를 함

유한 상태로 발견되기 때문이다. 만일 단맛수용체와 단단하게 결합하는 방향으로 진화되었다면 약한 결합에 대하여 잘 감지를 못하여 자연에서 식량을 확보하는 일이 매우 어려웠다고 여겨진다.

시간이 지남에 따라 인간의 식단이 변화하면서 단맛 수용체가 천연 및 합성 감미료를 포함한 광범위한 감미료에 민감하도록 진화했을 가능성도 있다. 왜냐하면 인간은 다양한 식단에 더 잘 적응하려고 가능한 여러 가지 감미료를 활용하려고 노력해 왔다. 한편, 인간의 미각 수용체가 잠재적으로 유해한 물질을 먹게 되는 상황으로부터 신체를 보호하는 방법으로 고감미료에 강하게 결합하지 않도록 진화했을 수도 있다. 감미료와 단단히 결합한다면 미각 수용체가 천연당과 독성이 있는 화합물을 구별해 내지 못하는 단점을 초래하였을 가능성이 높다.

약하게 결합을 하는 것이든 강하게 결합하는 것이든 결합의 세기를 유지하는 일은 필요에 따라 달라질 수가 있다. 동물들 중에는 단맛을 전혀 좋아하지 않는 동물들이 있는가 하면 단맛을 아주 좋아하는 인간도 있다. 이러한 차이를 이해하고자 한다면 왜 맛이라는 것이 존재하는지 그 이유를 먼저 생각해 보아야 한다. 약하게라도 결합을 하는 것이 아니라 아주 결합을 하지 않는다면 이는 해당 동물에게 어떤 맛도 제공해 주지 않는다. 그렇다면 구태여 먹을 필요가 없다. 아무리 많이 먹어도 밋밋할 뿐 아무런 느낌조차 가질 수 없는 경우라면 구태여 먹지 않아도 된다. 하지만 약하게라도 결합을 한다면 적은 양으로

단맛 음식의 원리

해당 식품의 맛을 감지할 수 있는 것으로 이 맛에 따라 계속해서 찾게 된다. 해당 식품을 찾게 된다는 의미는 우리 몸에 필요한 영양소일 가능성이 높다.

 독성 성분과 같이 위험성에 관련된 정보를 제공해 주는 경우 쓴맛은 매우 적은 양으로도 확인이 가능하다. 단맛은 영양분에 관한 정보를 통해 안전하며, 얼마만큼 먹어도 된다는 정보를 제공한다는 점이 차이가 있다. 생명을 앗아 갈 수 있는 독소의 경우 독성분 자체가 존재하는지 여부를 감지하는 것이 중요하지만 영양분의 경우는 위험성이 없기 때문에 얼마큼의 양을 먹어도 되는지를 확인하는 것이 중요하다. 따라서 쓴맛은 극소량만으로도 먹어야 할는지 여부를 쉽게 파악할 수 있어 더 이상 섭취하지 않아도 되지만 단맛은 적당한 수준에서 단맛이 사라져 주어야 하므로 계속해서 해당 음식을 먹게 된다. 그렇기 때문에 단맛 성분과 미각 수용체와의 결합력이 구태여 강하게 유지될 필요가 없다.

 만일 포도 한 알을 먹어 보고 포도 속의 단맛 성분이 입 안의 미각 수용체와 단단히 결합을 해 버린다면 어느 누가 포도 한 송이를 다 먹으려 시도할 수 있겠는가! 포도 한 알만 먹어도 충분하다. 지속적으로 더 먹을 수 있어야 하는 음식이라면 미각 수용체와의 결합력은 약해도 되며 그러한 방향으로 우리 몸에서 미각 기능이 진화되고, 발전해 온 것으로 추측된다.

여기서 재미있는 사실은 단맛 수용체는 한 가지밖에 없으나 쓴맛을 감지하는 수용체는 25개나 된다는 사실이다. 단맛 수용체는 단맛 성분이 얼마큼 필요한지 그 양의 확인만으로도 충분한 역할을 하는 반면 쓴맛 수용체는 어떤 것들이 해로운가를 모두 파악하기 위해서 여러 가지의 수용체가 필요하다. 자몽의 쓴맛에 민감한 사람이 있는가 하면 맥주의 쓴맛에 민감한 사람들이 있다. 고감미료를 사용하는 제로 칼로리 음료에 대해서도 어떤 사람들은 쓴맛을 느낀다. 이처럼 사람마다 쓴맛에 대하여 각각 다르게 느끼는 이유는 유전적으로 혀의 쓴맛 수용체가 여러 가지이고 사람마다 다를 수 있기 때문이다. 설탕은 단맛 수용체만을 자극하지만 사카린이나 아스파탐 같은 감미료는 단맛 수용체 뿐만 아니라 쓴맛 수용체와도 결합할 수 있어 그런 경우 단맛 뒤에 쓴맛이 남는데 그걸 못 느끼는 사람은 그저 달콤하게만 느끼지만 쓴맛 수용체를 가지고 있는 사람은 뒷맛이 씁쓸하다.

고감미료, 적은 양으로 '강한 단맛' 나는 이유는?
단맛 수용체와 강하게 결합

설탕보다 약 600배 더 달콤한 수크랄로스는 매우 적은 양으로도 원하는 수준의 단맛을 얻을 수 있어 이를 섭취하는 사람들의 칼로리와 설탕 섭취량을 줄일 수 있다. 인공 감미료의 높은 단맛 수준은 화학

구조를 통해 달성할 수 있었으며 인공 감미료는 천연 감미료와 유사한 방식으로 혀의 단맛 수용체를 활성화하도록 설계되었지만 화학 구조가 다른 경우가 많다. 그중에서도 고감미료의 경우 혀의 단맛 수용체에 단단히 결합하여 매우 강한 단맛을 느끼게 만든다.

미국의 존 헤이스 교수가 2008년 학술지 'Chemical Sense'에 게재한 논문에서 인공 감미료가 설탕보다 단맛이 강하여 매우 적은 양으로도 단맛을 낼 수 있는 이유에 대하여 '인공 감미료는 설탕 등에 비하여 단맛 수용체와 매우 강하게 결합하기 때문이다.'라고 말하였다. 즉 설탕은 단맛 수용체와 상호작용을 통해 깨끗한 단맛을 제공하지만 인공감미료에 비해 미각 수용체와 상대적으로 약하게 결합하기 때문에 결합한 후에는 쉽게 떨어져 나가 버린다.

단맛은 단맛 물질의 결합 부위가 일정한 수 이상이 미각 수용체와 서로 결합하여 자극을 주어야 느껴지는데 이를 위해서는 미각 수용체와 상대적으로 약한 결합력을 가진 설탕은 농도가 진해야 단맛을 느끼기에 좋다. 이에 반하여 사카린이나 아스파탐과 같은 고감미료는 단맛 수용체와 강하게 결합을 하기 때문에 결합된 구조가 쉽게 떨어지지 않아서 소량으로도 충분히 전기적인 자극 신호를 어느 정도의 시간 동안은 지속적으로 뇌에 전달된다. 단맛이 지속되는 시간에서도 역시 고감미료의 단맛은 길게 유지되는 데 비하여 설탕이나 에리스리톨과 같은 당알코올은 단맛의 지속시간이 짧다.

사카린의 경우에는 독특하게도 단맛 수용체뿐만 아니라 쓴맛 수용체에도 어느 정도 달라붙을 수 있는 구조적인 특성을 가지고 있다. 따라서 단맛에 대한 정보도 제공할 뿐만 아니라 쓴맛도 제공하는데 이 쓴맛은 처음에 느끼기 보다는 단맛을 보고 난 뒤에나 느끼게 되어 뒷맛이 씁쓸한 맛을 나타낸다. 사카린이 함유된 음료 식품이나 사카린 함유 막걸리를 먹고 난 뒤에 씁쓸한 뒷맛이 남아 있기 때문에 일반 사람들은 막걸리 제품을 선택하지 않으려는 경향을 보인다.

단맛 음식의 원리

단맛 물질의 탐색과 합성

7

고감미료는 어떻게 찾아낼까?

천연 감미료의 화학구조에서 출발

단맛이 있지만 자연적으로 생성되지 않는 합성 감미료를 만드는 것도 가능하다. 이러한 감미료는 천연 감미료의 화학 구조에서 단맛을 내는 부위의 구조가 어떤 형태를 띠는가를 먼저 알아보아야 한다. 그다음엔 그런 구조를 여러 가지 방법을 사용하여 모방함으로써 새로운 화합물을 만든다. 좀 더 구체적으로 말한다면 먼저 기존의 단맛을 지닌 물질들의 3차원의 구조가 어떠한 특징을 가지고 있는지를 파악하고 그러한 구조들과 유사하면서 핵심적이라고 할 수 있는 일부분만이 다른 구조로 대체된 물질들을 만들어 그중에서 찾는 방법을 선택한다. 대체하는 구조 부위의 특정 한 기능기(functional group)를 추가하거나 또는 제거하는 방법을 활용하는데 일단 포도당 또는 자당과 같은 천연 감미료의 구조를 수정하는 방법부터 생각해 본다. 다시 말하면 일종의 변형 감미료를 만드는 것으로 종종 천연 감미료보다 단맛이 더 달아서 많은 식품 및 음료 제품에 사용하였다.

단맛 물질은 찾아내는 방법은 앞서 여러 방안으로 제한된 물질이 미각 수용체와의 결합이 원만히 이루어지느냐 그렇지 못하느냐에 따라 결정이 된다. 결합이 이루어지면 신경을 통해 뇌로 전기적인 신호를 보내줄 수 있다. 결합 부위의 구조를 약간 변형을 유도하기 위하여 먼저 단맛 메커니즘을 제대로 이해해야 한다.

많은 과학자들은 AH-B 학설에 들어맞는 구조적인 특징과 유사한 물질들을 찾아 나서 그들의 특징을 비교하면서 단맛을 가지고 있으면서 한편으로 화학적으로 합성을 하여 만들어 내기도 하였다. 이러한 이론에 잘 들어맞았던 단맛 성분들 중에는 사카린을 비롯하여 일부 아미노산, 불포화 알코올, 아스파탐, 수크랄로스 등이 있다. 또한 생명 공학 기술을 사용하여 천연보다 당도가 더 높은 감미료를 생산하는 식물을 유전자 재조합하는 방법으로도 제조가 가능하다.

기능기(functional group)와 미각 수용체 간의 입체적인 구조를 예상하고 추적하기 위하여 지금도 과학자들은 X선 결정해석과 컴퓨터그래픽 시뮬레이션을 이용하여 에너지의 수준으로 볼 때 안정된 상태의 구조적 특징을 갖는 물질들을 발굴하고 있다. 최근 생성된 인공지능이나 챗GPT와 같은 기능을 바탕으로 물질의 구조적 특성을 규명하는 일이 이루어진다면 한결 빠르게 새로운 물질을 찾아 내는 것이 더욱 가속화될 것이다. 만일 에너지 수준이 안정되지 못하면 미각 수용체와 결합을 해야 할 부위가 반응성이 강하여 다른 물질들과 엉뚱하게 결합하는 반응을 하거나 혹은 또 다른 부위와 결합을 한다. 그리되면 제대로 전기적인 신호를 전달하지 못하여 원하는 만큼의 단맛을 나타내지 못한다.

이렇게 찾아낸 물질이나 합성된 물질이 사람에게 안전한지 여부를 확인하는 일은 매우 중요하다. 동물실험을 통하여 인체에 무해하다는 사실을 밝혀내는 일은 참으로 오랜 시간이 소요되는데 때로는 인체 내의 여러 부위에 대한 모든 검정 과정을 완전히 다 거치지 못하다 보니 미국의 FDA조차도 한번 승인을 하였던 사실을 후에 다시 번복하기도 하는 일이 발생한다. 안전성 테스트 및 규제 프로세스를 통해 식용여부를 결정하게 되는데 감미료 소비가 단기간이냐 장기간이냐에 따라 어떤 영향을 미치는가를 파악한다. 이런 과정은 대부분 암이나 기타 만성 질환과 같은 잠재적으로 야기될 수 있는 건강 위험을 식별하도록 설계해야 한다. 합성 감미료가 소비하기에 안전하다는 것이 확인되면 미국 FDA 또는 EU 식품안전청(EFSA)과 같은 규제 기관에서 사용 승인을 통해 감미료의 일일 섭취 허용량(ADI)에 대한 지침을 설정한다. 이것은 건강상의 위험 없이 사람이 일생 동안 매일 섭취할 수 있는 양을 말한다. 또한 승인 후에도 규제 기관은 부작용에 대한 데이터 수집 및 분석을 포함하는 감시 프로그램을 통해 감미료의 안전성을 지속적으로 모니터링하여 발생할 수 있는 새로운 안전 문제에 대비하고 있다.

8 전자코의 원리

전자코는 사람의 코를 대신할 수 있을까?

'전자코 연구자' 노봉수 교수 상업성 점검 사례

맛과 풍미는 별개가 아니며 풍미가 맛에 영향을 주므로 맛을 이해하기 위해서는 풍미를 분석하는 것이 매우 중요하다. 풍미를 인지하는 메커니즘을 활용하여 전자코가 제작될 수 있었다. 이를 이용하면 사람이 일일이 맛을 보고 평가하지 않아도 사람의 역할을 대신해 줄 수 있다. 향미 분석기기인 전자코가 어떠한 원리를 통해 만들어지고 또 어떻게 응용되었는지를 알아보고자 한다.

신경세포나 축색(축삭,축색돌기 axon) 등이 전기적인 신호를 전달하고 이미 반복된 학습을 통해 입력된 정보를 이용하여 컴퓨터로 하여금 인간의 뇌를 대신하여 작용하게 만든 시스템이다. 인공지능을 이용하여 사람이 맛이나 향을 인식하는 메커니즘과 유사하게 작동할 수 있도록 분석 기계에 소프트웨어 시스템을 적용하여 제작한 것이 전자코와 전자혀라는 분석기기다. 이 분석기기가 어떤 판정을 내리기 위해서는 먼저 수많은 반복 실험을 통하여 얻어낸 데이터들과 패턴인식 프로그램이 활용이 된다. 어떤 특정 화학성분을 측정하기보다 불고기 맛이나 된장 맛처럼 마치 인간이 오랜 기간에 걸쳐 직접 경험을 한 것처럼 말한다. 맛을 분석하는 전자혀보다는 시스템이 더 복잡한 전자코가 더 다양하게 활용되어 있어 여기서는 전자코에 대하여 이야기를 하고자 한다.

　전자코 시스템은 사람의 코 기능과 구조를 기초로 하여 1982년 영국의 Persaud와 Dodd에 의해 단일 종의 가스인식시스템을 소개한 것이 그 효시가 되었다. 인간 코의 기능을 디지털화한 것으로 여러 개의 센서배열을 이용해 특정 냄새 성분과 각 센서에서의 반응을 전기화학적 신호로 나타내, 이 신호를 소프트웨어에서 데이터 처리하는 장치이다(그림 8). 각 냄새의 정성, 정량 분석을 빠르게 수행할 수 있는 패턴 인식 처리 기술로서 사람의 후각인지 시스템을 모방한 냄새를 감별하는 기계이다. 전자코의 작동 원리는 크게 3개 부분으로 나누어 생각해 볼 수 있다. 향기를 모으고, 향기 성분을 판독하고, 그리고 얻어진 결과를 해석할 수 있는 통계적인 기법들이 적용된다.

일단 미량의 향기 성분을 모아서 분석한 다음 패턴 분석을 하거나 혹은 다양한 형태의 다변량 통계분석을 행한 다음 얻어진 정보를 반복 학습을 통해 기억하게 하여 기존의 패턴과 비교하여 동일성과 차별성 정도를 분석하는 데 활용이 된다. 초기에는 여러 종류 센서 6~32개를 사용하였으나 최근에는 센서로서 가스크로마그래피나 질량분석기가 그 역할을 대신하여 순차적 휘발도나 이온조각을 이용해서 수십 개의 센서로부터 얻은 값으로 대체 활용되기도 한다.

전자코의 분석은 신속하고 편리한 비파괴적 분석방법으로 성분 하나하나를 분리하여 향을 분석하는 것이 아니라 인간이 감지하는 것처럼 제품에 배합된 전체의 향을 감지하는 특성을 가지고 있으며 사람의 기능을 100% 따라갈 수는 없지만, 반면에 사람이 감지할 수 없

• 그림 8 • 전자코 연구자인 노봉수 교수가 시료 채취에 대해 설명하고 있다.

는 화학물질까지도 반응하는 특징을 가지고 있다. 감도가 좋은 것은 10^{-12}까지 극미량에 대하여도 응답을 한다.

전자코는 각 시료에 대하여 서로 다른 패턴을 보여주는데 타깃 제품이 갖고 있는 향기 패턴은 사람의 지문과도 같아서 인공신경망을 이용하여 반복적인 학습을 시킴으로써 오차를 최소화할 수 있다. 전자코에서 얻어진 자료의 객관적인 자료화가 가능하고 재현성이 보장되며 오랜 기간이 지난 후에도 이미 분석한 향 분석 자료를 기준자료로 활용할 수 있다는 장점이 있다. 감각평가 요원들이 많은 시료나 오래된 시료에 대해 기억하는 데에 대한 한계점을 극복할 수가 있다.

전자코의 활용 확대는 무한대
질병 예측, 농산물 원산지 판별 가능

전자코의 응용은 가스 탐지기, 실내 대기 측정, 화재 경보 등의 환경 분야에 적용될 수 있을 뿐만 아니라 우리 몸의 질병을 예측하는 데에도 활용이 가능하다. 우리나라 최고의 병원에 방문한 환자들의 숨을 쉰 공기 시료 200여 개를 분석하여 보았더니 크게 4그룹으로 구분이 되었으며 이 그룹의 차이는 유방암 환자들의 숨 속에는 유방암 세포들의 대사산물이 함유되어 있어 그 정도에 따라 초기, 중기, 말기와 함께 건강한 집단으로 구분하였다. 피를 뽑아 혈액검사를 실시한다거나 X-ray, MRI, CT 촬영 등의 과정을 거치지 않고도 간편하게 당뇨, 폐암, 전립선암을 비롯한 많은 질병의 환자들의 정도를 구분해 낼 수 있어 일차적인 진료목적으로도 유용하게 활용된다.

식품산업 분야에서는 국내에 수입되는 외국산 농산물, 축산가공품이 국산제품으로 둔갑하여 원산지를 속이는 경우가 많은데 원산지를 판별하는 목적으로 활용되기도 한다. 농산물은 지역에 따라 토양의 구성 성분이 다르고 강수량이나 햇빛조사량과 같은 기후 조건이 다르기 때문에 자연 식물들의 대사 활동에서 차이가 난다. 따라서 배출하는 대사산물 또한 달라서 이러한 판별이 가능하다. 국내에서도 지역에 따라 다소 차이가 있지만 국내산과 수입산의 차이가 워낙 크게 되어 그 정도는 무시하여도 될 정도이다. 이외에도 사용하는 농약이 다르기 때문에 차이가 발생하기도 한다. 유럽에서도 지역특산물 중 하나인 치즈나 포도주가 어느 과수원, 어느 농장인 것까지도 선별해 주는데 활용되고 있다. 또 양주나 참기름, 꿀, 홍삼농축액 등과 같이 고가식품에 값이 싼 원료가 함유되어 있는지 정도를 파악할 수가 있고 몇 %까지 함유되어 있는지 까지도 분석이 가능한 경우도 있다.

식품의 원료뿐만 아니라 가공 조건을 달리하면서 품질의 차이가 난 것을 찾아내거나 또는 유통이나 저장기간 중 발생하기 시작한 미세한 품질의 차이, 이취 등을 찾아내어 품질관리를 하는 데에도 유용하게 활용되고 있다. 생선의 신선도를 판가름 하는 방법으로 전자코를 응용하여 생선에만 적용할 수 있는 fish nose가 개발되어 보급되기도 하였다.

전자코의 응용은 다양한 방법으로 활용이 가능한데 우리 주부들이 꼭 알고 싶어 하는 시장에서 판매되는 농산물에 농약이 함유되어 있는가 하는 것도 휴대폰에 전자코를 접목하게 된다면 채소들에 포함된 농약 존재 여부를 파악하는 데에도 활용이 가능하다. 농약 존재뿐만 아니라 식중독균이 얼마만큼 있는지? 또는 알러젠을 감지하여 음식 알레르기가 있는 사람들의 불편함을 덜어 줄 수도 있어 먹어도 괜찮은 것인지 파악할 수 있는 날이 곧 올 것이다. 현재 이들 전자코의 시스템을 매우 소형화 시킨 기기들이 개발 완료 단계에 도달하였다. 손목시계에도 전자코를 연결하여 맛을 보는 사람들의 취향에 따른 차이 이를테면 문화적 차이에서 오는 맛에 대한 느낌이 다른 것까지도 구분하여 판단할 수 있는 시스템들이 소개될 날이 머지않았다. 뿐만 아니라 냉장고 안의 식품들이 오랜 시간이 흘러 먹기에 곤란해지면 냉장고 문 앞의 모니터에는 "상한 우유는 먹지 마시고 생선은 가급적 빨리 드세요!"라는 메시지가 뜨는 냉장고를 만나게 될 것이다.

단맛의 상승작용 : 커피 속의 단맛

커피 단맛은 어디에서 유래되는 것일까

복합적 화합물보다 향이 단맛에 영향을 미친다

커피의 단맛은 커피콩(원두)에 존재하는 다양한 화합물에서 비롯된다. 커피의 단맛에 기여하는 주요 성분 중 하나는 클로로겐산이라는 화합물 그룹이다. 커피 원두에서 발견되는 폴리페놀의 일종으로 약간 단맛이 난다. 커피의 단맛은 양조 방법, 물의 온도, 커피 원두의 특정 품종과 같은 요인들에 의해 영향을 받는다. 일부 커피는 원산지, 생산지의 고도 및 사용된 가공 방법에 따라 더 단맛을 지닌다. 전반적으로 커피의 단맛은 여러 가지 다른 화합물과 이러한 요인들의 조합이며 특정 커피 원두와 사용하는 양조 방법에 따라 다르다.

원두 수확 과정을 보면 커피체리를 수확한 후 햇볕에 말리는데 건조가 끝나면 겉껍질은 짙은 갈색이 되고 원두 껍질 안에서는 딸그락 딸그락 소리가 들린다. 이렇게 자연건조법으로 가공하면 당도가 높은 과육의 단맛이 햇볕에 의해 생두 속으로 흡수되어 과일 향이 나고 달콤한 커피가 만들어진다. 그러나 커피체리의 과육은 익을수록 단맛이 증가하지만 커피를 만들 때는 과육을 모두 제거하고 생두를 이용한다. 생두 속에 있는 단맛 성분마저도 로스팅 과정에서 색이나 향기 물질로 변환되면서 대부분 없어져 버리기 때문에 단맛을 기대하기는 어렵다.

그러면 단맛의 느낌은 어디에서 기인하는 것인가?

가능성이 높은 것은 바로 향이다. 로스팅 과정 중 일어나는 메일라드 반응을 거치며, 생성되는 갈변화 물질인 캐러멜 등 달콤한 느낌의 향을 제공한다. 말톨이나 에틸말톨처럼 감미를 높여주는 향기 물질도 있고 커피에는 감미 상승 물질도 만들어지는 것이 밝혀졌다. 일반적으로 과일의 향들이 단맛을 더 느끼게 만들어 주는 효과가 있어 신제품을 개발하는 과정에서 설탕 대신에 말린 과일을 사용함으로써 칼로리를 낮추면서 단맛을 올려 주는 효과를 제공한다.

Ottinger 등의 연구에 의하면 포도당과 알라닌의 반응물 중에 알라피리데인(alapyridaine)이라는 물질이 합성되는 것이 확인되었는데,

이 물질은 pH에 따라 감미 상승효과가 증가한다는 사실이 밝혀졌다. 그런데 이 알라피리데인이 설탕이나 아스파탐 등과 함께 존재하면 이들의 감미를 높여주는 효과가 있고 포도당과 같이 있으면 포도당 단독으로 있는 것보다 1/16 정도의 양만 있어도 같은 감미를 느낀다.

멘톨은 자일리톨처럼 혀의 냉각수용체를 자극해 청량감을 주는 데 이런 효과를 주는 물질은 생각보다 다양하다. 포도당과 아미노산의 하나인 프롤린을 원료와 함께 로스팅을 할 때 청량감을 제공하는 효과를 지닌 좋은 물질이 만들어진다. 향은 없지만 청량감을 주는 효과의 역치가 멘톨보다 35배나 강했다. 이처럼 향기 물질들이 감미를 상승시켜주는 효과로 인해 상승된 단맛을 느낀다.

단맛의 상승작용 :
소금의 역할

10

쓴맛 덜어내고 풍미 향상시키는 효과

커피에 소금을 넣는 것은 이상해 보일 수 있지만 그렇게 하는 데에는 몇 가지 이유가 있다. 그중 하나는 커피 풍미의 균형을 맞추는 과정이다. '소금이 짜다'란 표현 속에는 오늘날 우리가 이야기하는 짠맛을 가르키는 부분도 있고 또 하나는 여러 가지 맛들이 잘 짜여서 조화롭게 만들어 준다는 의미도 있다. 소금은 커피의 단맛과 다른 풍미를 향상시켜 맛이 더 균형 잡히고 부드럽게 만들어 준다. 품질이 떨어지는 원두로 커피를 만들거나 추출 과정이 최적화되지 않은 경우 소금을 첨가하면 특히 그렇다. 또 다른 이유는 맛을 조화시키기 위해 쓴맛을 줄이는 목적이 있다. 소금은 커피의 쓴맛에 대한 인식을 줄이는 데 도움이 되며, 맛이 덜 거칠고 더 맛있게 만들어 준다. 이런 방법은 진하게 로스팅된 원두로 만든 쓴 커피에 특히 유용하다. 커피에 소금을 첨가하는 것은 일반적인 관행이 아니며 소량만 사용해야 한다. 맛의 균형을 맞추기 위해 끓인 커피와 다른 종류의 음료에 소금을 첨가할 수도 있지만 대부분의 커피숍에서는 일반적이지 않다. 커피에 소금을 첨가해도 짠맛은 없지만 커피의 쓴맛이 덜해지고 풍미가 향상된다는 점은 주목할 가치가 있다.

소금은 커피의 단맛 상승에 도움이 될까?
지체시간 최소농도값(역치) 활용법

좀 다른 관점에서 보면 커피에 소금을 첨가하면 커피 본연의 단맛을 끌어내는 데 도움이 된다. 소금이 커피의 쓴맛을 덜어 주기도 하지만 상승작용을 통해 단맛을 향상시키는 데 도움을 준다. 맛을 가진 물질들은 서로 다른 맛들을 가진 물질들일지라도 경우에 따라서는 두 맛 물질 중 어느 한 가지 맛의 특성을 상승시키기도 하며 또 어떤 경우에는 맛을 상쇄시키는 작용을 한다. 소금과 설탕은 각기 다른 맛을 가지고 있다. 쓴맛을 내는 커피에 설탕과 소금을 9 대 1의 비율로 넣어 보면 단맛이 9 정도가 나타내는 것이 아니라 10 이상의 단맛을 가져온다. 이것은 바로 맛의 상승작용이라 한다.

맛을 내는 물질이 혓바닥에 접촉하자마자 해당되는 맛의 전기적인 신호를 전달하기 보다는 약간의 지체 시간(lag time)을 거친 후 해당되는 맛을 인지하게 된다. 혓바닥에 맛을 가진 성분이 닿아 전기적인 신호를 보내려면 어느 정도의 농도까지 도달해야 한다. 이러한 시간적인 차이를 lag time이라고 표현한다. 맛을 인지하는 최소 농도값을 역치라고 하는데 역치보다 묽은 농도에서는 어떤 맛도 느끼지 못한다. 역치 농도보다 진해지기 시작하면 비로소 그 맛이 어떤 맛이라는 것을 알게 된다. 물론 사람에 따라서 이러한 역치는 다소 차이가 있다. 감미는 미각 중에서 가장 둔한 감각이다. 맛 물질마다 역치값은 각기 다르다. 짠맛을 지닌 소금이 설탕보다도 역치값이 작아 아주 묽은 농도에서도 쉽게 짜다는 것을 느끼지만 설탕은 소금의 역치값만큼의 농도에서 단맛을 느끼지 못한다. 다음 그림에서 보는 바와 같이 커피에 소금과 설탕을 첨가한 경우 일단 소금의 농도로 짠맛인가를 빠르게 먼저 인지하는 순간 비로소 설탕의 농도가 전달되면서 앞서 느꼈던 짠맛이라는 판단을 하기도 전에 '아하 단맛이구나!' 하고 모든 단맛과 짠맛의 합친 강도를 단맛으로 인정해 버리고 만다. 그러한 현상은 마치 짠맛의 소금이 원안에 표시된 것만큼 설탕의 단맛을 대신하여 단맛의 강도를 상승시킨 효과로 인식해버려 단맛이 상승되었다고 판단

단맛 음식의 원리

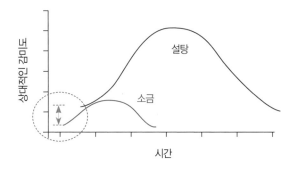

• 그림 9 • 설탕에 소금을 소량 첨가하였을 때 얻어지는 상대적인 단맛의 상승 효과

(출처 : Shallenberger, 1993)

을 내리게 된다(그림 9).

〈그림 10〉은 고감미료 성분인 아세설팜 K에 아스파탐을 혼합하였을 때 농도에 따라 감미 정도를 설탕 농도에 견주어 비교한 것으로 상승효과가 어느 정도인가를 보여준다. 아세설팜 K와 아스파탐 고감미료를 어떤 농도의 비율로 선택하느냐에 따라 그 효과를 약 2배까지 극대화한다. 음료를 제조하는 회사에서는 아무래도 고농도의 감미료를 사용하기가 용이한데 이와 같은 상승효과를 이용하면 원가절감에 매우 유용하여 이런 방법을 선택한다.

아세설팜 K는 우연히 발견된 인공 감미료로 화학구조는 사카린과 유사하다. 단맛의 정도는 설탕의 약 150~200배 정도인데 뒷맛이 없고 단맛의 질이 좋은 편이다. 아세설팜 K는 단독으로 사용하기 보다는 아스파탐이나 사카린 등과 함께 사용하면 감미의 상승작용을 나타

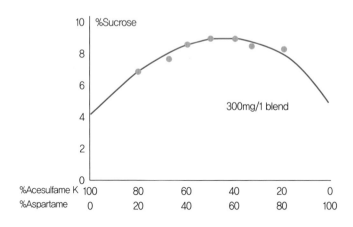

[단맛의 상승효과]
아세설팜 K와 아스파탐 혼합물의 감미도

• 그림 10 • 아세설팜 K와 아스파탐 고감미료의 혼합비율에 따른 단맛의 상승효과

(출처 : 최낙언 2022)

내기 때문에 적은 양을 사용할 수가 있으며 물에 잘 녹고 열에 매우 안
정되어 가열처리 공정에 유용하다. 인체에 섭취되어도 대사 작용에
관여하지 않고 그대로 배설이 되어 저칼로리 식품으로 다이어트 식품
으로 이용된다.

　아스파탐은 인공감미료에 대한 안전성이 대두되면서 보다 안전한
인공감미료를 개발하려고 노력하는 가운데 아미노산을 합성한 디펩
타이드 구조로부터 우연히 발견된 합성 감미료이다. 설탕과 매우 유

사한 강한 단맛을 가진 것으로 약 100~200배 정도의 단맛을 가지고 있다. 가열에 의하여 아미노산으로 분해되는 특성이 있어 오븐에서 구어야 하는 식품보다는 냉동식품 등에 활용하는 것이 바람직하다. 탄산음료의 경우 6개월 정도는 그 단맛이 유지되므로 그 이상 시간이 지나면 분해되고 만다. 이 아스파탐의 구조적 특성 중 앞에서 설명한 Shallenberger의 AH−B 이론에서 단맛 성분의 기능 그룹(-AH)과 미각 수용체의 기능 그룹(-B)을 가져야 단맛을 가진다는 설이 잘 들어맞는다.

단맛의 상승작용 : 설탕의 역할

11

　단맛과는 상관이 없는 찌개를 만들거나, 카레, 간장 등에 설탕을 한 숟가락씩 넣어 보면 감칠맛과 더불어 매운맛은 부드럽게 해주고 텁텁한 맛은 낮추어주면서 상대적으로 부드러운 식감을 제공하게 되는데 이것 또한 맛의 상승작용 중 하나다. 백종원 씨가 설탕을 첨가하라는 것이 마치 음식을 달게 먹으면 누구나 좋아하리라 추측하지만 사실은 단맛을 유도하기보다 맛의 조화를 유도하고 맛의 상승효과를 기대하고 첨가하라는 일종의 팁이다.

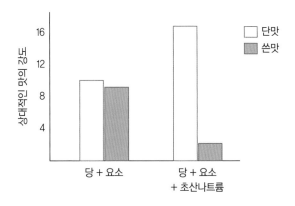

• 그림 11 • 설탕과 요소 그리고 초산나트륨 첨가에 따른 단맛과 쓴맛의 강도 변화

(출처 : 동아사이언스, 2015)

〈그림 11〉을 보면 쓴맛을 내는 요소와 당이 만났을 때 짠맛을 내는 초산나트륨을 첨가하면 오히려 단맛은 2배 가까이 더 달게 느끼며 아울러 쓴맛은 거의 1/3~1/4배로 줄어드는 현상을 보인다. 짠맛 성분 (초산나트륨)이 단맛의 상승효과를 가져온 예이다.

단맛과 짠맛, 그리고 쓴맛은 식재료들을 어떻게 혼합하느냐에 따라서 일반적으로 예상되는 맛과는 전혀 다른 새로운 맛을 느끼게 만든다. 단맛에 약간의 짠맛이 섞이면 단맛은 더욱 풍부해져 더 달게 느낀다. 앞서 설명한 바 있듯이 커피에 설탕을 넣고 일부분 소금을 넣는 경우라든가, 혹은 팥빙수의 팥 시럽을 만들 때 설탕과 함께 소금을 넣으면 이와 같은 효과를 발견한다. 설탕이 소금보다도 가격이 비싸다고 하는 경우라면 구태여 비싼 설탕을 넣기보다는 일부분 소금으로 대체하면 원가가 절감된다. 그리고 단맛과 쓴맛이 혼합된 상태에 소금을 넣으면, 쓴맛은 맛의 상쇄효과에 의해 감소하지만 단맛은 맛의 상승작용으로 인하여 단맛이 증가한다. 이는 소금이 쓴맛을 억제하는 역할을 하기 때문에 상대적으로 단맛을 더 달게 느낀다.

이처럼 맛 성분들이 서로 상승효과와 상쇄효과를 나타내며 새롭게 조화된 맛을 제공하는데 설탕은 그중에서도 가장 많은 부분에 다양하게 사용되는 재료다. 백종원 씨가 여러 음식에 설탕을 막 넣는 것처럼 보였지만 그의 처방은 정말 신의 한 수라고 할 정도로 놀라운 효과를 보여주었다.

단맛 음식의 원리

12 조리 중 단맛의 상승

육수 낼 때 '버섯-멸치-고기' 왜 넣을까?

재료의 갈변화 과정, 단맛과 감칠맛 급상승

육수는 센불로 요리하면 '불맛' 상승 극대화

Ottinger 등에 의한 연구에 따르면 맛의 상승효과는 앞서 설명한 바 있는데 갈변화 반응물 중에 생성된 알라피리데인이라는 물질이 여러 종류의 맛을 상승시키는 물질로 작용한다는 점이다(그림 10). 포도당만 있을 때(0mmol/L) 보다 포도당과 같이 알라피리데인이 1/16(1.5mmol/L) 정도만 함께 있어도 훨씬 더 단맛을 느낄 수가 있다고 한다. 단맛 이외에 감칠맛과 짠맛에서도 해당하는 맛의 상승효과를 보여주었다.

　단맛 이외에 감칠맛을 내는 재료는 한 가지를 사용할 때보다 다른 재료와 궁합을 맞춰 함께 사용을 하면 첨가한 양에 비례해서 감칠맛이 엄청나게 증가한다. 물론 짠맛 물질이 있다면 더욱 짜게 느낀다. 이러한 성질은 불을 이용하여 가열 조리하는 과정에서 얻어질 수 있는 효과로 센불로 요리를 하면 보다 더 그러한 효과가 상승될 수 있다. 일명 불맛이라고 하는 것들이 이런 효과로부터 발생된다.

　아미노산 계통인 MSG와 핵산계인 이노신산(IMP : inosine monophosphate)이나 구아닐산(GMP : guanosine monophosphate)이 만나서 일어나는 과정에서도 유사한 현상이 관찰된다. IMP가 MSG와

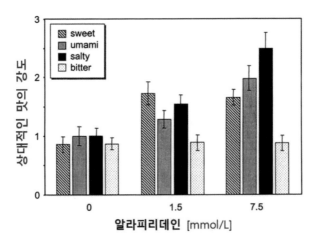

• 그림 12 • 알라피리데인의 농도에 따라 단맛, 감칠맛, 짠맛의 강도가 증가되는 상승효과

(출처 : Ottinger 와 Hofmann, 2003)

단맛 음식의 원리

5:5로 만나면 감칠맛이 원래보다 7배까지 확대된다. IMP나 GMP와 같은 핵산계 조미료는 가격이 비싸므로 상대적으로 가격이 비싼 것을 적게 넣는 것이 바람직하다. 이들의 비율을 1:9 정도로 혼합해 주어도 감칠맛은 5배 이상 증가하며 1:100으로만 혼합해도 2배가 증가할 정도로 감칠맛이 상승한다. 그래서 MSG 위주의 다시마 국물을 낼 때 여기에 IMP가 풍부하게 함유된 가쓰오부시나 멸치를 함께 넣는 이유가 바로 이러한 맛의 상승효과를 이끌어 낼 수 있기 때문이다.

이와 같은 상승작용은 GMP가 더 강력한 편인데 GMP : MSG의 비율을 5:5로 혼합하면 감칠맛이 무려 30배나 증가하며 1:10이면 20배, 1:100일 때도 무려 5배나 증가된다. 유리 글루탐산이 함유된 버섯 자체로는 맛이 약한 편이지만 국물 요리에 GMP를 함유하고 있는 버섯을 함께 첨가하면 바로 감칠맛의 상승효과가 나타난다. 고기의 경우도 마찬가지로 고기가 들어간 국에는 유리 글루탐산은 별로 없는 편으로 근육 조직에 단단하게 붙어있는 결합된 글루탐산이 우러나오게 만들기 위해서는 오랫동안 푹 삶아야 단단히 결합하고 있던 글루탐산이 분리된다. 여기에 IMP와 GMP도 소량 같이 첨가시키면 이들 핵산 성분이 감칠맛의 상승효과를 제공하기 때문에 맛이 훨씬 더 좋다.

단맛과 감칠맛 상승의 식재료는?

글루탐산과 핵산 함유 많은 식재료

다시마-가쓰오부시-멸치-닭의 뼈

감칠맛의 상승효과가 구체적으로 밝혀진 것은 1960년대이지만 훨씬 오래전부터 요리사들은 이런 사실을 이미 많은 경험을 통하여 파악하고 있었다. 가장 맛있는 요리는 대부분 국물을 우려내는 일종의 육수를 제조하는 과정에 따라 차이가 난다. 나라마다 조리하는 과정이나 스타일이 조금씩 다를 뿐 감칠맛의 상승효과를 얻어내는 방법은 유사하였다. 일본 사람들은 주로 글루탐산이나 핵산이 많이 함유되어 있는 다시마와 가쓰오부시를 함께 넣어 사용하고, 우리나라에서는 다시마와 맛을 내는 멸치를 주로 사용하는데 멸치에는 이노신산을 비롯하여 글루탐산과 같은 아미노산이 풍부하고 타우린도 함유되어 있어 독특한 맛을 낸다.

이에 반해, 중국 사람들은 각종 채소와 닭고기 뼈를 혼합하여 국물을 만들어 내는데 여기에는 유리된 글루탐산이 풍부하여 고기처럼 오랫동안 푹 끓이지 않아도 감칠맛 성분들이 쉽게 우러난다. 이들 다양한 재료들이 혼합하여 상승효과를 가져오는 사실을 오랜 경험을 통해 나름 알고 있었다. 또한 이들 핵산 계통의 상승효과(그림 13)를 유발하는 성분들이 식품소재와 강하게 결합하고 있는지 아니면 유리된 형태로 존재하는지에 따라 육수와 같은 국물을 만들면서 오랫동안 푹 끓

일 것인지 아니면 짧은 시간 우려내면 되는 것인지를 판단하는 것들
이 경험을 통해 각 주방의 비법으로 내려왔다.

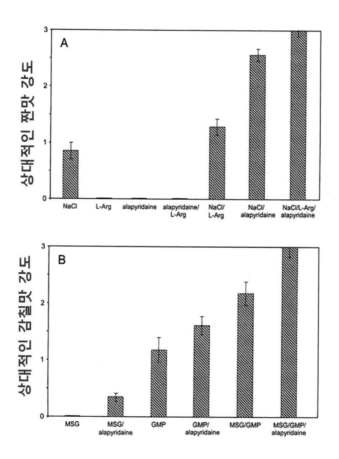

• 그림 13 • 여러 성분들의 혼합물에서 알라피리데인의 첨가에 따른 짠맛과 감칠맛의 상승효과.

양파에는 아황산 화합물이 함유되어 있어 날 것일 때 향이 강하고 매운맛이 난다. 사람들이 양파를 싫어하는 이유 중 하나는 황화알릴 설파이드나 알리신과 같은 성분들이 항암효과가 높지만 매운맛이 독특하게 강하여 속이 쓰릴 정도로 불편하기 때문이다. 매운맛 성분은 양파에 칼질을 하면 양파 속의 효소가 활성화되면서 매운맛 성분이 분해가 일어난다. 분해된 휘발성분은 날아가 얼굴의 눈물샘을 자극하게 만들어 눈물이 나게 만드는 최루 성분이기도 하다. 그래서 양파를 칼로 썰 적에는 휘발 성분이 눈물샘을 자극하지 않도록 대비하는 것이 중요하다.

생양파의 경우 단맛은 느끼기 어려울 정도로 미약하다. 양파에 함유된 당분은 3~4% 정도로 일반적인 음료의 당분이 10%가 넘는 것과 비교하면 양파 자체로는 달게 느끼기엔 부족한 편이다. 양파의 브릭스 농도는 8.2 정도로 오렌지의 13.6이나 콜라의 10.6~10.8에 비하여 떨어진다. 양파를 익힐 때 열로 인해 유황 화합물이 분해되며 달콤하고 짭짤한 풍미에 기여하는 여러 가지 화합물이 노출되는데 그중 하나는 과당이다. 과당은 양파에 소량 존재하지만 양파를 익힐 때 열로 인해 더 농축되어 익힌 양파가 더 달콤한 맛을 낸다.

다른 성분들에 의해 마스킹(가려짐) 되어 단맛을 못 느끼고 있다가 마스킹을 하고 있던 물질들이 조리 중 제거되고 또 과당이 농축되어 갑자기 단맛의 강도가 수십 배나 증가한 것처럼 느껴 달다고 말한다. 다시 말해, 매운맛 성분이 너무 강하여 단맛을 느끼지 못하였지만 그런 양파를 가열하면 매운맛 성분이 분해되거나 휘발되어 버리면서 적은 양의 단맛 성분이 농축되어 진하게 느낄 수 있어 생양파보다 상대적으로 달다. 한편, 향기 성분인 프로필 알릴 다이설파이드 및 알릴 설파이드는 열을 가하면 기화하지만 일부는 분해되어 설탕의 50배 정도의 단맛을 내는 프로필 메르캅탄을 형성한다. 이런 성분들이 적은 양의 과당과 함께함으로써 단맛 느낌을 주는 향기 성분의 역할을 한다. 양파의 메틸페닐 다이설파이드는 감칠맛을 증가시켜주는 상승작용까지 한다. 감칠맛이 상승하면서 향기 성분이 맛에 영향을 미치는데 이처럼 조리 과정은 여러 가지 맛들의 분포 정도가 새롭게 조정되며 그것이 새로운 맛을 느끼게 해주는 역할을 한다.

13 단맛 물질의
종류

포도당-맥아당 당류만 단맛 있을까?

단맛 화합물은 어떤 것이 있나?

설탕 외에 단맛을 제공하는 다른 유형의 화합물로는 인공감미료,
천연 감미료, 당알코올, 아미노산류 등이 있다. 몇 가지 예를 들어 보
면 다음과 같다.

인공 감미료로는 식품 및 음료에서 설탕 대체물로 자주 사용되는
비영양 감미료로 여기에는 아스파탐, 사카린 및 수크랄로스가 있다.
인공감미료 중 고감미료는 설탕보다 훨씬 더 달콤한 화합물로 동일
한 수준의 단맛을 제공하는 데 아주 적은 양이 필요한데 사이클라메

이트, 아세설팜 K가 있으며. 천연 감미료 중 고감미료로는 일부 식물과 과일에서 얻어지는 스테비아, 타우마틴, 몽크푸르트, 모넬린, 브라제인과 같은 단맛을 내는 화합물이 포함되어 있다. 그리고 당에 수소가 첨가되어 약간의 구조가 변형되어 만들어진 당알코올도 단맛을 가지고 있는 성분이다. 포도당이나 맥아당, 유당, 자일로스 그리고 에리스로스 등의 당 성분이 미생물에 의해 발효되면서 만들어지기도 하고 또는 화학적인 반응에 의해 수소가 첨가되면서 소르비톨, 말티톨, 락티톨, 자일리톨, 에리스리톨, 이소말트 등의 당알코올을 만든다. 이들 모두가 단맛이 있지만 설탕만큼 달지는 않다. 좋은 점은 혈당이 빠른 속도로 오르지 않고 충치 예방 효과가 있다.

유럽에서 제조되는 포도주 중 상당수가 국내에서 만드는 포도주보다 맛이 좋게 느껴지는 이유 중 하나는 바로 이런 당알코올을 생성하는 데 관여하는 효모들이 포도에 증식하고 있어 포도주 발효 제조 과정에서 알코올도 만들지만 또 한편으로는 에리스리톨 이라는 당알코올도 함께 만든다. 국내산 포도주 제조과정에서는 그러한 효모가 발견되지 않아 포도주 속에는 에리스리톨 성분이 함유되어 있지 않다. 에리스리톨은 미네랄 성분 등과 함께 어우러져 맛을 부드럽게 만들어주기 때문에 포도주 맛이 한결 좋아져 품질이 우수한 제품으로 평가받는다. 재미있는 사실은 국내에서 판매되는 백세주에 에리스리톨을 첨가하여 여러 사람들에게 테스트를 하였을 때 평소 한 병을 마시던 사람들이 두 병 이상을 마시는 결과를 얻어낸 바 있는데 그만큼 술이 부드럽게 느껴져 부담 없이 마실 수 있는 특성을 보여준 바 있다. 만일 국가가 에리스리톨의 첨가를 허용한다면 술 소비가 늘어 국세청의 주세 수입이 엄청 늘어날 텐데 국민건강을 고려하여 허가하지는 않았다. 한편, 이런 에리스리톨은 버섯이나 치즈, 간장, 된장, 수박, 배, 건조 과일 등에서도 발견되는 성분이다.

아미노산 중에도 트레오닌, 세린, 글리신, 알라닌이 단맛을 내며 이들 중 일부 디펩티드(아미노산이 두 개가 결합된 상태)나 트리펩티드(아미노산 3개가 결합된 상태)가 단맛을 가지고 있어 단백질을 이용하여 단맛 제품을 제조하는 것이 가능하다. 아스파탐은 아미노산이 두 개가 결합된 디펩티드로 단맛 대용으로 사용되어 왔다. 이와 같은 화합물들은 설탕과 같이 혀의 단맛 수용체에 결합하여 작용하지만 종종 결합 친화력이 달라 단맛이 다르게 인식된다.

무화과 열매나 건포도 그리고 채소에서 발견되는 성분으로 칼로리가 거의 없을 정도(설탕의 10분 1 정도)이면서 설탕과 비슷한 맛과 조직감을 지닌 '알룰로스'가 식품 시장을 이끌어갈 차세대 감미료로 주목받고 있다.

단맛 물질의 특성

14

당류의 단맛 물질들, 어떤게 있나?

물리화학적 특성과 특징 있는가

포도당이나 설탕 또는 과당은 잘 알려진 대표적인 단맛을 지닌 당류이다. 식품을 가공하는 산업체에서는 이들을 가장 많이 활용하고 있는데 포도당은 고구마나 옥수수 전분을 가수분해하여 사용하고 있으며 설탕은 사탕수수나 사탕무에서 얻어낸다. 포도당이나 과당은 α-형과 β-형의 입체이성체 구조를 갖고 있다. 두 가지 형태가 함께 서로 안정된 상태로 평형을 이루고 있지만 단맛의 정도는 현저히 다르다. −OH기가 6각 형체의 평면을 기준으로 위(β−형), 아래(α−형)에 놓

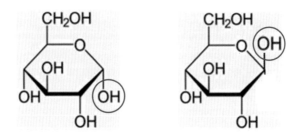

이느냐에 따라 맛이 차이가 발생하는데 이는 단맛 수용체와의 결합이 어느 것이 더 단단하게 결합할 수 있느냐에 따라 다르다(그림 14). 서로 다른 물질 간에 결합이 이루어질 때 어떤 것들의 결합 상태가 안정적인 구조 형태를 이루느냐에 따라 미각 수용체와의 결합이 단단할 수도 있고 그렇지 못할 수도 있다. 결합력이 약하다는 말은 전기적인 신호를 보내주는 양이 적을 수 있어 단맛의 경우 덜 달다. 똑같은 구성 성분이지만 입체적인 구조 특성이 달라서 미각 수용체와 결합을 하는 정도가 달라지면 결국 단맛의 강도도 다르다.

α−형과 β−형의 포도당이 온도에 따라 그 비율이 차이가 나는 것은 서로 다른 입체적인 구조의 비율을 만들어 내어 단맛이 차이를 가져온다.

15

단맛 물질의 구조적 특성

단당류–이당류–다당류의 특징 차이는?

단당류: 포도당, 과당, 갈락토오스

이당류: 맥아당, 설탕, 젖당(유당)

다당류: 올리고당

단맛 물질이 단맛 수용체와 결합하기가 좋은 구조적 특성을 가졌느냐 아니면 그렇지 못하느냐에 따라 감미도는 차이가 있으며 결합하더라도 얼마 동안 단단히 결합을 유지하느냐에 따라 감미도의 차이를 보인다.

표 1 | 감미료들의 특성과 성질

구분	이름	carbon	MW	원료	감미도	용해도	열량	MP°C	갈변	청량	설사
당류	포도당	6	180	Glu	70	91	3.7	150			
	과당	6	180	Fru	170		3.8	103	Yes		
	갈락토오스	6	180	Gal	30	68	3.8	167			
	설탕	12	342	Glu+Fru	100	211	3.9	190	Yes	Yes	None
	맥아당	12	342	Glu+Glu	30	22	3.8	102			
	젖당	12	342	Glu+Gal	20	19	3.8				
당알콜	에리스리톨	4	122	Glu	80	40	0.4	126	No	Yes	Low
	자일리톨	5	152	Xyl	100	63	2.4	94		Yes	High
	만니톨	6	182	Man	60	20	1.6	165		Yes	
	소르비톨	6	182	Glu	60	73	2.6	97		Yes	
	락티톨	12	344	Glu+Gal	40	56	2.0	122		Yes	
	말티톨	12	344	Glu	90	63	2.1	150		No	
고감미	사카린	7	183		300			229			
	아세셜패일	4	201		200	27	0	225			
	슈크랄로스	12	397		600	28	0	125			
	아스파탐	14	294		200		4	246			

단맛의 정도는 보통 설탕을 100으로 기준하여 상대적인 비교를 해
보면 〈표 1〉과 같다. 맛의 기준이나 감각 평가하는 사람들 간의 약간
의 차이가 있어 감미도의 차이는 여러 참고문헌마다 다소 차이가 있
다. 어디까지나 상대적인 감미도로 이해하면 좋을 듯하다.

단맛 수용체와 결합하기 가장 좋은 입체적인 구조는 과당이 가지고
있으며 이당류(단당류 2개가 결합된 것)나 삼당류(단당류가 3개 결합된 당
류)의 경우 단맛이 상대적으로 낮은 것으로 미루어 보아 단맛 수용체

와 결합력이 상대적으로 떨어진다. 설탕에 비하여 단맛이 강한 것은 과당이다. 과당의 단맛은 당류 중에서는 가장 달며 그 맛이 상쾌하면서도 즐거움을 주는 단맛으로 꿀의 주성분이 바로 이 과당이다. 과당은 설탕이 가수분해되면서 포도당과 함께 얻어진다.

가수분해
설탕 ---------------------------------> 포도당 + 과당
인버테이스

최근에는 값싼 옥수수나 고구마로부터 얻어진 포도당에 효소 글루코스 아이소머레이스를 처리하여 포도당과 구조성분은 똑같으나 입체적인 구조 형태가 다른 이성체인 과당으로 전환을 시켜버리면 포도당에 비하여 약 두 배나 단맛이 강한 상태로 만든다. 이는 산업적으로 매우 중요하다. 값싼 포도당의 구조를 전환시켜 단맛을 2배나 높여주기 때문에 설탕의 첨가량을 대폭 줄일 수 있는 효과를 가져와 식품산업계에서는 많이 활용된다. 그런 연유로 포도당의 이성체인 과당을 이성화당(HFCS : high fructose corn syrup) 혹은 액상과당이라고 부르며 콜라나 사이다와 같은 음료산업에서는 설탕 대신에 이를 주로 첨가한다.

글루코스 아이소머레이스

포도당 ----------------------▶ 과당

　전 세계적으로 많은 효소들이 식품산업 분야에서 다양하게 이용하는데 그중에서도 이 글루코스 아이소머레이스가 가장 많이 이용되는 효소로 알려져 있는 것을 보더라도 이성화당이 얼마나 많이 활용되는지 알 수 있다.

　이성화당은 꽤 오랜 기간 건강상의 문제를 일으키지 않아 비교적 안전한 것으로 알려져 왔으나 최근 발표되는 논문을 보면 장기적으로 복용하는 경우 여러 질병을 유발하는 것으로 알려졌다. 이런 질병에 관하여 뒷부분 Part 5 "단맛과 질병 포비아"에서 자세히 설명할 것이다.

단맛 음식의 원리

16

온도에 따른
단맛의 영향

맛의 변화, β-형 과당이 많아진 까닭

    과일을 냉장고에 보관하였다가 차가워진 과일을 먹어보면 훨씬 더 달게 느껴지는데 어떤 화학적인 변화가 일어나기 보다는 단맛이 더 강한 입체이성체가 낮은 온도에서 더 많이 존재하려는 경향이 있기 때문이다. 즉 포도당의 경우 α-형과 β-형의 포도당이 공존하는데 온도에 따라서 α-형과 β-형의 비율이 달라질 수가 있으며 이들은 주어진 환경에 따라 입체구조의 비율이 조금씩 달라진다. 화학적인 변화가 일어나는 것이 아니고 입체적인 모양이 약간 바뀌어 α-형의 포도당이 β-형의 포도당보다도 더 많아진다(그림 15). 그러한 연유로 포도당이 미각 수용체와의 결합을 통해서 전기적 신호가 전달될 때 결합력이 더 강하게 나타나고 이런 효과로 인하여 α-형의 포도당이 더 달다고 느낀다. 냉장고 안에 과일을 놓아두는 경우 자연스럽게 α-형의 포도당이 β-형의 포도당보다 많아지고 1.5배나 더 달게 느낀다.

과일에 많은 과당의 경우는 포도당과는 달리 β-형이 α-형보다 3배나 더 달게 느낀다. 같은 양의 포도당이나 과당을 함유하고 있다 하더라도 낮은 온도에서 보관함으로써 더 달게 느끼는 것은 바로 이런 당류의 입체이성체의 형태가 다른 형태로 구조적인 변화가 일어나기 때문이다. 포도당의 경우 α-형은 불안정한 형태로 안정화하려고 하는데 가만히 놓아두면 그 일부는 β-형으로 전환이 되며 또 가열을 하면 β-형으로 전환이 되면서 단맛이 감소한다. 이처럼 입체이성체가 어떤 형태를 취하느냐에 따라 단맛의 정도는 조금씩 달라진다. 과일에는 과당과 포도당 이외의 다른 당류도 함유되어 있는데 대부분의 당류가 낮은 온도에서 감미도가 높은 편이라 냉장 보관한 과일을 섭취하는 편이 훨씬 더 맛있게 느낀다.

이처럼 당류마다 온도에 따라 단맛이 차이가 나는데 가장 많은 정도의 차이를 보이는 것이 바로 과당이다. 과당은 낮은 온도에서는 상당히 단맛을 지니고 있으나 온도가 점차 올라가면서 상대적인 단맛이 떨어진다. 이에 반해, 설탕은 온도에 의한 영향을 거의 받지 않으며

단맛 음식의 원리

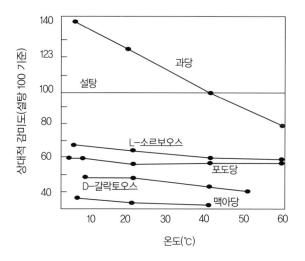

· 그림 15 · 온도에 따른 당류들의 감미도 변화 정도

다른 당류의 감미도도 약간의 변화가 있을 정도다. 온도에 따른 단맛
의 차이는 이처럼 당에 따라 다르다.

Part 3.

단맛과
음식 원리

단맛의 일등공신
탄산음료

청소년의 '단맛 음료' 중독
일등공신은 청량감의 탄산음료

　최근 쌀의 소비량을 보면 과거에 비하여 엄청 줄어든 반면 빵이나 과자, 케이크의 소비량은 상대적으로 많은 양을 먹는 것으로 나타났다. 그러다 보니 이들과 함께 마시는 청량음료 또한 그 소비량이 엄청나게 증가하였다. 콜라를 비롯한 탄산음료뿐만 아니라 과즙음료, 차, 커피, 스포츠음료, 청량음료, 건강음료 등 많은 종류의 음료들을 마시며 생활하고 있는데 이런 제품들 속에는 설탕을 비롯한 다양한 종류의 단맛 성분들이 함유되어 있다. 우리도 모르는 사이에 여러 음식을 통하여 먹는 설탕의 양은 매년 기하급수적으로 증가하였다. 탄산음료를 비롯한 각종 음료는 뚜껑을 제거하고 바로 마실 수 있어 취급하기가 편하고 다른 식품들보다도 빠른 속도로 당분이 흡수되는 식품이다 보니 만족도가 높은 편이다.

한국농수산식품유통공사와 유로모니터의 공동조사에 따르면 국내 탄산음료 시장은 2015년 1,058,000kL에서 연평균 3.8%씩 성장 추세이다. 2020년에는 1,273,000kL, 2025년경에는 약 1,480,000kL에 이른 것으로 예측된다. 매년 1인당 탄산음료 소비량은 계속해서 증가 추세에 있다.

사람들이 탄산음료를 보다 많이 선택하는 이유 중 하나는 배달 문화와 함께 온라인을 통한 구매가 증가하는 가운데 배달 음식을 시키면서 추가로 탄산음료를 선택하는 것도 한몫을 하였다. 2022년 청소년건강행태조사를 실시한 교육부와 질병관리본부의 보고서에 따르면 탄산·에너지·이온·과즙·커피음료, 가당 우유 등 단맛이 나는 음료를 모두 포함한 단맛 음료 섭취율(주 3회 이상)은 63.6%, 에너지음료와 커피 및 커피음료를 포함한 고카페인 음료 섭취율(주 3회 이상)은 22.3%이었다. 단맛 음료는 성별에 따라 차이(남 67.4%, 여 59.6%)가 있었고, 고카페인 음료는 학교 급에 따라 차이(중 16.6%, 고 28.4%)를 나타냈다. 2018년 청소년건강행태조사를 실시한 질병관리본부의 보고서와 비교하면 중·고등학생은 34.7%가 주 3회 이상 탄산음료를 마시고 있었고 계속 증가하고 있는 추세다.

청소년들은 콜라, 이온 음료, 농축 과일주스, 에너지 음료 등 물에 녹는 단당류, 이당류 등을 첨가한 '단맛 음료'를 선택하는데 탄산음료를 통한 당 섭취가 전체 음료 중 약 60% 이상을 차지하고 있어 다른 음료보다 압도적으로 많이 선택하는 편이다. 이는 학생들이 스트레스를 강하게 느끼거나, 우울증을 많이 느끼고 있는 탓이 아닌가 싶다. 이런 점을 극복할 수 있다고 선택하는 것이 흡연이나 음주, 때론 고강도의 격렬한 운동을 하면서 상대적으로 음료를 많이 마시는 것으로 보인다.

성인들이 맥주를 마시는 데 비하여 세계 각국의 청소년들이나 어린이들은 탄산음료를 선택하는 경향이 높다. 우리나라에서도 12~18세 청소년들이 하루 평균 섭취하는 당류가 다른 연령대에 비해 상대적으로 높다. 청소년의 하루 평균 당 섭취량은 약 80g인데 이중 가공식품을 통한 하루 평균 당 섭취량이 57.5g으로, 세계보건기구 기준인 50g을 넘어서고 있다. 많은 가공식품들이 설탕 등 정제당의 함량이 많은 편이어서 간식 등을 먹으며 자신들도 모르게 단맛의 중독성에 빠져버린 상태다. 간식을 먹을 적에도 물보다는 청량음료를 선택하다 보면 탄산음료를 과다하게 마시게 된다. 이처럼 단맛에 친숙하게 습관이 들다 보니 심리적으로 편안하여 좀처럼 단맛 중독성에서 빠져나오기가 어렵다.

탄산음료의 중독은 "시원함과 톡쏘는 맛"
목구멍 자극하는 탄산가스의 매력

탄산음료는 향과 단맛 성분 그리고 탄산 및 탄산가스가 주요 구성성분으로 향에 이끌리기도 하나 톡 쏘는 듯한 탄산가스의 휘발이 목구멍을 통과하면서 자극을 주는데 이것이 시원하고 상쾌한 분위기를 유도한다. 탄산이 들어간 음료는 유난히 시원하게 느껴지는 이유는 탄산음료를 마시면 체온에 의해 물에 녹아 있던 탄산이 기화되면서 기포가 발생하여 자극을 주고, 속이 더부룩한 것도 해소된다. 그런 연유로 예전에는 소화가 안 되면 소화제 대신 사이다를 마시기도 하였다. 여러 가스 중에서 탄산가스는 물에 잘 녹는 편이다. 혈액뿐만 아니라 맥주, 샴페인, 생막걸리, 동치미, 열무김치를 비롯한 각종 김치류 등 많은 종류의 발효제품이 발효되는 과정에서 생기고, 탄산이 많이 녹아 있을수록 톡 쏘는 맛이 있어 시원함을 제공한다. 이런 시원함은 식품 속에 녹아 있는 탄산에서 해리된 수소이온이나 이산화탄소 같은 분자를 감지함으로써 느낄 수 있다. 혀에서는 시원함을 느끼는 탄산가스처럼 신경세포에 어떤 미세한 물질이 닿아야 반응하기보다는 탄산탈수소효소에 의해 수소이온이 발생될 때 비로소 시원함을 느낀다. 그런데 이 탄산탈수소효소의 작용을 막아 버리면 우리는 톡 쏘는 시원함을 느끼지 못한다. 그리고 이산화탄소가 차갑다고 느끼는 것은 미각세포에 의한 것이 아니라 입안의 온도를 감지하는 수용체가

표 1 | 온도 감각수용체의 역할

이온 채널 단백질	반응온도에서 역할
냉센서 감각수용체 TRPA1 TRPM8	15℃ 이하에서 채널이 열림 25℃ 이하에서 채널이 열림. 온도가 낮을수록 활성이 커짐
온센서 감각수용체 TRPV4 TRPV3 TRPV1 TRPV2	27~42℃에서 채널이 열림 33℃ 이상일 때 채널이 열림 42℃ 이상일 때 채널이 열림, 열이 난다는 정보를 전달 52℃ 이상일 때 채널이 열림

있는데, 그중에서도 가장 차가운 영역을 감지하는 것이 15도 이하를 감지하는 온도감각 수용체(TRPA1)에 의해서 이루어진다(표 1).

2021년 노벨 생리학 수상자인 줄리아스 교수는 고추를 먹었을 때 느끼는 뜨거운 것은 아니지만 캡사이신이 '이온채널 단백질(TRPV1)'을 자극하면 전기신호가 대뇌로 '열이 난다'는 신호를 전달한다는 것을 밝혔다. 신호를 받은 뇌는 열을 식히기 위해 반응하면서 땀을 유발하는 원인이 된다는 것이었다.

인체는 체온이 15℃ 이하로 내려가면 추운 고통을 느끼고 42℃를 넘기면 뜨거운 통증을 느낀다. 이런 시스템은 우리 몸의 항상성(恒常性, homeostasis)을 조절하는 메커니즘으로 작용한다. 그런데 감각수용체는 온도 말고도 몇 가지 화학 물질에 대하여 반응을 하는데 겨자와 와사비, 캡사이신 등의 매운맛 성분과 이산화탄소 등이다. 탄산

단맛 음식의 원리

이나 아세트산과 같은 약산은 중성 pH에서 부분적으로만 해리(解離, dissociation, 원자 혹은 분자가 분해되는 현상)된다. 일부는 세포막을 통과하여 세포질을 산성화한다. 침해수용기(Nociceptors)의 이온 채널 TRPA1이 이산화탄소에 의해 활성화되면서 약산에 대한 감각 반응을 보다 일반적으로 중재한다. TRPA1에서의 전류가 아세트산, 프로피온산, 탄산, 포름산 및 젖산을 포함한 일련의 약한 유기산에 의해 비강이나 구강에 분포하는 삼차신경절 내의 통각수용기의 활성화에 따라 자극적인 감각을 생성한다.

이러한 감각 뉴런은 환경에서 다양한 유해 물질을 감지하여 동물이 조직 손상을 적극적으로 피하도록 해주며 또한 시원하고 톡 쏘는 듯한 느낌을 전달해준다. 시원한 열무김치 국물에서 탄산가스와 젖산 등으로부터 느끼는 분위기가 바로 이런 것에 해당한다. 이산화탄소가 온도 감각 수용체를 자극하여 뇌에서는 착각에 의해 더 시원하고 갈증을 해소하는 것으로 느낀다.

탄산음료에서 향과 탄산가스를 빼고 나면 실제로 단맛 음료를 마시는 것이나 마찬가지다. 톡 쏘는 자극을 선호하고 아울러 단맛 특성상 자꾸만 마시고 싶은 충동을 느끼게 되어 자신도 모르는 사이 당뇨병에 근접하기가 쉽다. 탄산음료 등 단맛이 나는 음료를 접하면서 발생하는 급성 당뇨병을 가리키는 용어가 '페트병 증후군'이다. 탄산음료는 대부분 페트병에 담겨져 있기 때문이다.

약품 속의 덜 단 단맛

2

젖당(유당)을 왜 약에 넣을까?

유당불내증의 원인은 무엇일까?

젖당(유당)은 포유류 동물의 젖에만 존재하는 당으로 포도당과 갈락토오스로 구성되어 있으며 단맛이 매우 약하지만 아기의 성장에 빼놓을 수 없는 성분의 당이다. 상대적으로 저렴하고 쉽게 구할 수 있으며 유동성이 좋아 취급하기 쉽기 때문에 정제 및 캡슐과 같은 일부 제품의 충전제(혹은 증량제)로 자주 사용된다.

특별히 유산균들이 좋아하는 영양분으로 유산균의 증식이나 장내 유익균 먹이로 이용되어 소장의 기능을 활발하게 하는 데 도움을 준다. 또한 유해한 균의 증식을 억제하고, 칼슘, 마그네슘의 장내 흡수에도 도움을 주어 치아나 뼈를 형성하는 데에 빼놓을 수 없는 역할을 한다. 단당류와 이당류 중에서 단맛은 가장 낮은 편이며 칼로리 생성이 미약하고 다른 성분들과의 반응성이 매우 적다. 약을 제조할 때 약리효과를 가져오는 유효성분은 아주 극미량으로 조금만 더 먹어도 해로울 수가 있기 때문에 극미량의 약효 성분을 취급하기 어렵다. 그래서 많은 양의 젖당과 극미량의 약효성분을 잘 혼합하여 먹기 쉽도록 만들기 위하여 증량제로 활용이 된다. 특히 비활성 성분으로 약효성분과 반응을 하지 않는 특성이 있어 약을 제조하는 데 도움이 된다. 유당은 약효 활성 성분을 함께 고정하는 결합제로 사용되며 정제와 캡슐의 분해를 도와 활성 성분이 체내에서 방출되고 잘 흡수되게 도와준다.

어려서부터 우유를 먹고 자란 사람이 아니면 성인이 되어 체내에서 유당을 분해하는 효소의 생산 메커니즘이 퇴화되어 더 이상 효소를 만들어 내지 못하는 경우가 많다. 이 경우 유당을 소화시키지 못하고 이로 인해 설사를 일으키는 현상을 보인다. 이런 유당 불내증 증세가 있는 사람이 유당이 함유된 유제품을 섭취하면 심각한 문제를 일으켜 고생을 하게 된다. 이런 분들은 유당을 완전히 소화할 수 없는 상태로 유당을 섭취한 후 가스발생으로 인한 팽만감, 복통 및 설사와 같은 증상을 일으켜 고생을 한다. 심한 경우에는 장출혈을 유발하기도 하는

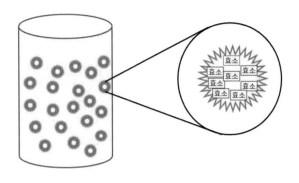

• 그림 1 • 분유 속에 미세캡슐화된 효소(β-galactosidase)의 가상 모식도

데 그리되면 매우 고통스러워 병원으로 가야 한다. 이런 사람들은 마치 알레르기(allergy) 문제가 있는 것처럼 식당에서 우유가 들어가 조리된 제품을 먹을 때마다 겪게 된다. 유제품이 원료로 사용된 것을 먹었을 경우 이런 증세가 나타나면 신속하게 효소(β-galactosidase)를 먹어 주면 유당불내증으로 인한 통증 문제는 해결된다.

유아들 중에는 어려서부터 유당불내증을 가진 아이들에게 우유를 먹이면 설사를 하며 자꾸만 울음을 그치지 않는데 다른 이유로도 그럴 수 있지만 유당의 문제라면 효소(β-galactosidase)가 미세캡슐화된 분유를 먹일 수 있는 제품을 이용하면 좋다(그림 1). 미세캡슐은 위산이 만들어지는 위에서도 분해되지 않고 장까지 내려간 다음 소화액 등에 의해 미세캡슐의 벽이 깨지면서 효소가 밖으로 나와 유당을 분

단맛 음식의 원리

해할 수 있도록 만들어져 그와 같은 문제를 해결한다.

유당불내증 증세가 나타나는 사람들은 가급적 요구르트나 치즈와 같이 발효 과정 중 미생물이 내놓는 효소에 의해 유당이 포도당과 갈락토오스로 분해된 제품을 이용하는 편이 바람직하다. 요구르트는 유당이 약 80% 이상이 분해되어 유당불내증 현상이 상당히 완화된다.

우유를 이용하여 아이스크림을 만드는 과정에서도 유당은 결정화가 되는 성분이어서 입안에서는 모래알과 같은 느낌(sandness)을 받을 수 있어 불쾌감을 주는데 이런 경우 유당을 분리 제거하거나 효소로 분해시킨 후 아이스크림을 만들면 한결 부드러운 조직감(텍스처)의 제품 공급이 가능하다.

과당이 주성분인 꿀

3

과당이 주성분인
꿀

설탕물 먹인 꿀과 자연꿀 구분법

가짜꿀, 냉장 보관하면 '석출현상'* 보여

추석과 같은 명절이 되면 시장에 나오는 상품 중에 과당이 주성분인 꿀 제품이 있다. 양봉을 하는 사람들이 양심적으로 생산한 경우야 말할 것도 없지만 꽃이 피는 계절에 비가 많이 오거나 장마가 길어지면 꿀의 수확량은 급격히 떨어질 수밖에 없다. 양봉업자들은 이를 해결

---

* 석출현상(析出, deposition): 액체 속에 고체 물질이 침전으로 분리되는 현상을 뜻한다. 물과 같은 액체를 녹는 점인 0℃ 이하로 냉각하면 고체상태인 얼음이 결정으로 만들어지는데 이렇게 온도가 녹는 점 이하로 떨어지면서 액체가 고체로 되는 현상이다.

단맛 음식의 원리

하기 위하여 벌집 근처에 설탕물이나 설탕을 가져다 놓으면 꿀벌들이 이를 퍼 날라 벌집 속에 저장한다. 이런 꿀은 벌들이 설탕을 채취하여 입안에서 분해하여 만들어 낸 제대로 만들어진 꿀이 아니다. 가짜 꿀은 보통 옥수수 시럽이나 포도당과 같은 다른 감미료가 혼합된 꿀이다. 이것은 꿀의 양을 늘리고 생산 비용을 낮추기 위해 수행되지만 꿀의 맛과 질감이 변질된다. 진짜 꿀은 꿀벌이 꽃에서 생산하는 꿀로 꿀벌이 방문한 꽃의 종류에 따라 다양한 맛과 질감을 가질 수 있으며, 진짜 꿀이라도 꿀벌이 방문한 꽃, 위치, 날씨 및 기타 요인에 따라 맛과 질감이 다르다.

진짜 꿀은 가짜 꿀보다 더 복잡하고 미묘한 맛을 내는 경향이 있다. 더 투명하고 흐물흐물한 가짜 꿀에 비해 진짜 꿀은 농도가 진하고 호박색이 더 짙다. 꿀벌에게 설탕을 먹여서 제조한 꿀은 꿀벌이 효소 및 기타 천연 물질과 혼합한 달콤한 물질을 만들어낸 진짜 꿀과는 다르다. 단맛에서는 그렇게 많은 차이가 나지는 않지만 가짜 꿀은 부분적으로 설탕에서 분리된 포도당에 의해 희석되는 효과가 있어 전문가가 맛을 보면 진짜 꿀에 비해 단맛이 못 미친다. 또 꽃가루 속에는 다른 영양성분들이 함유되어 있지 못하고 꽃가루의 향이 부족하여 향기가 덜 나는데 이것 또한 단맛을 느끼는 데에 다소 영향을 미친다.

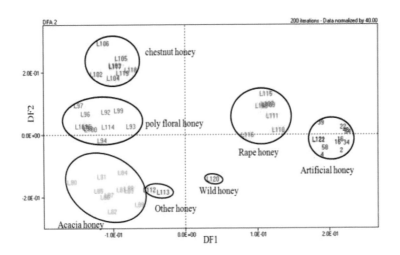

• 그림 2 • 전자코 분석으로 확보한 다양한 꿀들과 사양 꿀(artificial honey)의 데이터를
다변량 통계분석(Discriminant function analysis)하여 판별한 결과

이런 가짜 꿀은 포도당의 용해도 차이로 말미암아 석출이 되기 때문에 냉장고에 보관해 보면 가짜 꿀의 경우 쉽게 석출 현상이 발견된다. 또 ^{13}C-NMR을 이용하여 분자구조적 특성을 관찰하면 손쉽게 가짜 사양 꿀과 진짜 꿀의 판별이 가능하다. 이런 최신 분석기술의 활용하여 악덕유통 업자들의 눈속임을 찾아낸다. 근자에는 값이 싼 사양 꿀과 비싼 꿀을 혼합하여 판매하려는 경향이 있는데 꽃가루마다 각기 다른 향을 가지고 있고 꿀벌들이 분해하여 꿀을 만드는 과정에서 생성되는 미량성분도 차이가 나는 점을 고려하여 구별이 가능하다. 극미량의 향기 성분까지도 전자코를 이용하면 패턴인식을 통하여 구분

단맛 음식의 원리

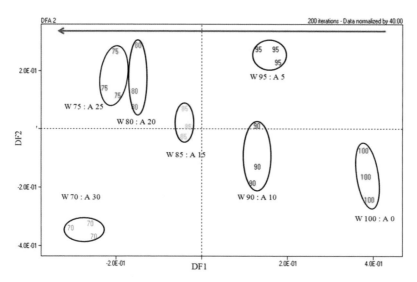

- 그림 3 • 야생 꿀(wild honey :W)과 사향 꿀(artificial honey : A)을 일정 비율로 혼합한 다음
이를 전자코 분석을 통하여 얻어진 데이터를 다변량 통계분석한 결과

이 가능하다. 꿀 속에 함유된 극미량의 향기 성분을 토대로 이것이 사양 꿀을 얼마큼의 양을 혼합한 것인지, 또 어떤 종류의 꿀을 혼합한 것인지까지도 쉽게 판별이 가능하여 소비자를 속이려는 만행은 쉽게 찾아낸다.

〈그림 2, 3〉은 여러 종류의 꿀들을 전자코가 분석, 구분할 수 있음을 보여준다. Artificial honey가 사향 꿀로 인위적으로 설탕을 첨가하여 만든 꿀이다. 다음 그림 중 위의 그림은 야생 꿀(wild honey : W)과 사향 꿀(artificial honey : A)을 일정 비율로 혼합한 다음 이를 전자코

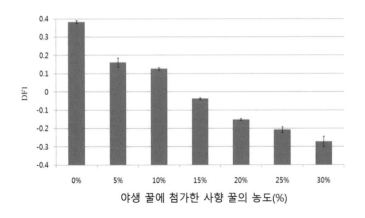

• 그림 4 • 다변량 통계분석에서 얻어진 DF1 와 야생 꿀에 사향 꿀을 혼합한 농도 간에 관계

분석을 통하여 확보한 데이터를 다변량 통계분석을 실시하여 얻어진 결과이다.

〈그림 4〉의 막대그래프는 다변량 통계분석에서 얻어진 다변량 함수 제1성분(discriminant function first score : DF1)과 야생 꿀에 사향 꿀을 혼합한 양과의 관계를 보여주는 그림이다. 이 그림을 이용하면 유통 업자들이 얼마큼의 사향 꿀을 혼합하여 속여 판매하는지를 찾아낼 수 있다.

　　　　　　　　　　　　　　　　　　　　　　　　단맛 음식의 원리

된장의 단맛

4

된장과 고추장의 '약한 단맛'은

탄수화물이 분해된 단맛

된장과 고추장은 미미한 정도의 단맛을 지니는데, 이는 천연의 단맛 물질이 존재하는 것이 아니라 발효 과정에서 콩에 함유된 탄수화물이 분해되어 은은한 단맛을 띠는 물질들을 만들어 내놓았기 때문이다. 발효는 박테리아 및 효모와 같은 미생물이 녹말 전분과 같은 탄수화물을 분자량이 작은 단당류나 이당류 또는 올리고당으로 분해하거나 이를 다시 젖산, 에탄올 및 이산화탄소와 같은 더 간단한 화합물로 전환시키는 과정인데 이 과정에서 달콤한 맛이 있는 포도당을 비롯하여 맥아당 및 올리고당 등의 단맛 성분을 포함하여 새로운 향미 화합물을 생성한다.

된장의 경우, 콩의 탄수화물을 분해하는 미생물의 종균 배양물과 소금에 콩을 혼합하면 발효 과정을 거치는데 온도에 따라 몇 달이 걸릴 수 있으며 그 과정 중에 환원당인 포도당이나 맥아당 등이 생성되어 최종 제품에 약간의 단맛을 준다. 고추장은 고춧가루, 찹쌀, 된장, 소금을 섞어 만드는데 이 발효 과정도 된장과 쌀에 존재하는 미생물에 의해 이루어진다. 최종 제품은 쌀과 대두의 탄수화물이 분해되면서 단맛을 낸다. 설탕만큼 단맛이 강하지 않지만 소금과 향신료와 조화를 이룬다. 최근 일부 식품 제조회사에서 판매하는 것들 중에는 발효 기간을 무시한 채 탄수화물의 가수분해물인 물엿을 첨가하여 마치 발효 과정을 거친 것처럼 눈을 속여 판매하는 것들도 있다.

콩 속의 탄수화물이 발효 과정에 의해 가수분해되기 시작하면 포도당이 떨어져 나가면서 분자량의 크기가 점차 줄어든 전분 가수분해 당이 만들어진다. 그중에는 포도당이 2개가 결합된 맥아당 또는 여러 개로 구성된 올리고당 혹은 물엿 등이 생성된다. 이런 성분들은 정도는 약해도 역시 은은한 단맛을 제공한다. 즉 포도당 또는 포도당이 붙어있는 가수분해 당들은 환원당 등으로 분해되는 정도에 따라 점차 단맛이 증가된다. 된장이 잘 익어간다는 말은 미생물의 발효에 의해 여러 영양소 성분들이 분해가 되는데 이 과정에서 감칠맛의 성분도 분해되어 나오고 탄수화물도 분해되면서 단맛이 점차 증가한다(그

단맛 음식의 원리

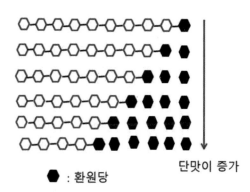

● : 환원당

단맛이 증가

• 그림 5 • 가수분해된 당의 포도당 수에 따른 단맛의 증가 정도

림 5). 그렇다고 해서 계속 단맛이 증가하는 것이 아니라 환원당의 일부는 다시 미생물들의 먹이로 이용이 되기도 하는데 그렇게 되면 단맛의 정도는 다시 줄어든다.

된장을 담글 때 발효, 숙성 중에 맛을 통해 된장이 알맞게 발효가 되었는지 관찰할 때 어머니들께서는 손으로 찍어 맛을 보면서 판단한다. 어머니의 손맛이 정확히 구분해 낼 수도 있지만 효소들에 의해 분해되므로 발효 기간이 지남에 따라 생성된 포도당이나 올리고당 등이 증가하는 정도를 환원당을 분석해 보면 어느 정도 된장이 숙성되었는지를 파악할 수가 있다. 된장뿐만 아니라 다른 장을 발효시키는 과정에서도 환원당이 증가할수록 발효가 잘 진척되었음을 예상할 수 있다. 콩 안에는 단맛이 있는 포도당 형태로만 존재하는 것이 아니라 포도당이 다른 당들과도 결합된 탄수화물 형태로도 존재하는데 이들은

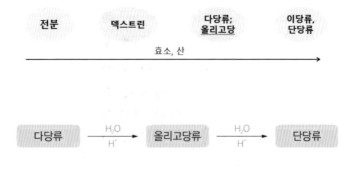

미생물이 생산하는 효소들에 의해 가수분해되면서 만들어져 이 과정을 발효 과정이라고 한다.

콩 속의 탄수화물들은 위에서 언급한 단맛을 지닌 가수분해당의 형태 이외에도 포도당이 과당과 갈락토오스와 결합된 라피노스나 스타키오스와 같은 올리고당들의 형태로도 분해된다. 이들 중 라피노스나 스타키오스는 단맛이 미미하며 가스를 유발하는 인자로 장내 세균들이 이용한 후 많은 양의 가스를 생성하기 때문에 속이 더부룩하게 만들어 불편함을 제공한다. 이들의 단맛이 약한 것은 발효 과정을 통해 분해된 산물들이 단맛 수용체와의 결합이 용이하지 못하기 때문이다. 단맛을 내는 물질들이 결합되어 구성된 당이지만 분자의 크기가 커서 입체적인 구조적 특징이 단맛 수용체에 잘 결합될 수 있는 구조 형태를 띠고 있지 못하여 단맛을 나타내지 못한다(그림 6).

고혈당 환자가 원하는 단맛

혈당 수치 영향 적은 천연 감미료는

알룰로스, 타가토스, 자일리톨, 에리스리톨 제품

몸속 분해와 대사 작용 못해→혈당 영향 낮아

유전적인 원인도 있지만 최근 정제당이 많이 함유된 식품 등을 자주 먹는 식습관을 가진 사람들이 고혈당 증세인 당뇨병으로 고생하고 있다. 당뇨는 혈당을 빠르게 증가시키는 문제로 인슐린을 그동안 많이 분비하여 더 이상 분비가 원활하지 못하다. 따라서 당뇨환자는 포도당이나 설탕이 많이 함유된 단 음식은 가급적 피해야 한다. 하지만 당뇨가 걱정이 되는 분들은 늘 그러하듯 단맛이 강한 음식을 먹고 싶어

한다. 단맛에 대한 욕구를 충족시키면서도 혈당수치는 큰 변화가 없는 대체감미료인 알룰로스, 타가토스, 자일리톨, 에리스리톨 등이 있다. 이들은 대체로 단맛을 가지고 있으면서도 체내에서 분해되거나 대사 작용을 할 수가 없어 혈당이 높아지지 못하기 때문에 전혀 걱정하지 않아도 된다. 이들 제품의 특징 중 하나는 자연에서 얻기에는 매우 적은 양이다. 하지만 미생물 발효를 통해 효소를 이용하면 많은 양의 생산이 가능하다.

당뇨병 환자의 경우 혈당 수치를 관리하고 정제당이 많이 함유된 음식 섭취를 제한해야 하지만, 단맛이 나는 모든 음식을 완전히 피해야 하는 것은 아니다. 설탕과 관련된 칼로리 및 혈당 스파이크를 유발하지 않으며 단맛을 지닌 것을 제공하면 된다. 이런 목적으로 인공감미료는 설탕보다 훨씬 더 달기 때문에 같은 수준의 단맛을 얻기 위해서는 소량만 있으면 된다.

설탕 대신 사용할 수 있는 천연 감미료들이 있는데 스테비아, 에리스리톨, 자일리톨 및 몽크 과일 추출물 등이 이에 해당한다. 이들은 천연물에서 추출할 수 있는데 스테비아를 제외하고 설탕만큼 달지는 않으며 칼로리가 낮고 혈당 수치에 영향을 주지 않는다. 그렇다고 설탕 대체물을 사용한다고 마음을 놓아서는 안 된다. 당뇨병 환자는 일반 식단에서 탄수화물, 지방 및 단백질의 균형뿐만 아니라 섭취한 총 칼로리량에도 유의해야 한다.

알룰로스의 경우 단맛은 설탕의 70%로 어느 정도 단맛을 가지고 있으나 체내에서 칼로리의 생산은 '설탕의 1/10 정도밖에 안 되는 저칼로리' 당류이다. 알룰로스는 먹더라도 혈당수치가 제로에 가까울 정도로 낮기 때문에 당뇨는 물론 비만과 고혈압과 같은 질병을 유발할 확률이 설탕에 비하여 현저히 낮은 편이다. 체내에는 알룰로스를 분해하는 효소가 존재하지 않아서 흡수가 되지 않고 그대로 소변으로 배출된다. 즉 입안에서는 단맛 수용체와 결합을 통해 일단 단맛은 제공하지만 체내에서 분해되지 못하여 대사 과정을 거치지 않고 칼로리를 만들어 내지 못한다. 혈당이 높아지지 않기 때문에 당뇨병 환자들에게는 단맛만을 충족시켜 줄 수 있는 좋은 식품소재이다.

사탕무에서 얻어지는 팔라티노스도 설탕의 구조를 바꾸어 만든 것이고 에리스리톨이나 자일리톨처럼 충치 예방에 효과가 있고 혈당 변화를 천천히 일어나도록 유도하므로 혈당의 급격한 상승을 염려하지 않아도 된다. 그런 이유로 당뇨병 환자들에게 단맛을 내는 당으로 소개되고 있다. 특히 팔라티노스나 자일리톨의 칼로리 생성량은 약 2.4 kcal이지만 에리스리톨은 거의 제로(zero) 칼로리에 가까워 다이어트를 위한 소재로도 이용이 되어 왔다. 이런 이유로 최근까지 에리스리톨은 각광받는 당알코올이었으나 장기간 복용에 따른 실험결과 심혈관 계통에 위험할 수 있다고 보고되어, 이를 사용하는 데 있어 적절한 양을 신중하게 선택해야 한다.

전통식품 조청 :
단맛의 건강성

6

조청은 쌀, 쌀밥으로도 만들고, 조, 수수 가루나 옥수수 가루로 쑨 죽으로도 만드는데 생강 등을 첨가하기도 한다. 녹말 또는 전분질 원료를 산이나 효소로 가수분해하여 엿기름물에 삭힌 다음 그 액을 졸여서 만든 것으로 포도당이 50~100개가 긴 사슬로 엮어져 있다. 이 과정을 통해 단맛이 증가하여 당도가 높아지기 때문에 당화 과정이라고 말하며 약 3~40%는 포도당 두 개가 결합한 맥아당으로 구성되어 있다. 감미도는 설탕의 1/3 정도에 지나지 않으며 제조방식에 따라

단맛 음식의 원리

감미도는 다소 차이는 있다. 보통은 정제를 하지 않아서 특유의 풍미를 지닌다.

조청은 단맛을 내는 일종의 조미료로 사용하였을 뿐 아니라 각종 곡류나 과일, 약용식물 등의 부재료로 첨가하였는데 이는 조청이 건강에 이롭기 때문이다. 우리 조상들은 음식의 단맛을 돋우기 위해 꿀과 조청을 사용하였는데 고급 음식에는 꿀을 사용하였고, 일반 음식이나 야생 산나물, 나무 열매 등에는 조청이나 물엿을 첨가하여 입맛을 돋우어 주는 목적으로 사용하였다. 기본 음식 재료의 맛을 살려 음식물의 맛과 향기를 돋우며 건강에 필요한 영양소를 더 잘 섭취하기 위하여 조청을 사용하였다.

현대인들은 서구식 식단으로 인해 당뇨병 등의 발생 비율이 높아지면서 설탕 등 단당류 섭취를 줄이고, 곡물을 통한 다당류를 섭취할 필요성이 갈수록 높아지고 있다. 같은 양의 탄수화물 식품을 섭취하더라도 서로 다른 속도로 소화되고, 흡수되기 때문에 인체 내에서의 혈당 반응은 식품에 따라 다르다. 특히 조청은 음식물이 체내에서 소화돼 혈액 내의 포도당으로 변화하기까지의 시간(당 흡수지수)을 측정해 보면, 올리고당이나 포도당에 비해 낮은 편이다. 상대적으로 당 흡수지수가 낮은 식품을 섭취할 경우 혈당이 천천히 상승해 인슐린 반응이 낮아진다. 하지만 섭취하는 절대적인 양이 중요하므로 조청을 당뇨환자들에게 사용할 경우 지나치게 많이 섭취하는 것은 바람직하지 못하다.

우리나라 왕실 내관 의학 계승자 이원섭 님의 왕실양명학에 따르면 옛 왕실에서 세자를 교육시켰던 두뇌 개발법 중 하나가 섭생법을 중요시하였다. 일찍 자고 일찍 일어나는 습관을 중요하게 여겨서 새벽 4시에 자리에서 일어나 학습을 해야 하는 것이 왕세자들의 의무사항이었다. 눈뜨자마자 이부자리 속에서 반드시 조청(물엿) 두 숟가락을 먹고 학습에 들어가도록 했다. 설탕과 달리 체내에서 서서히 분해되면서 영양소를 공급해 주는 효과가 있어 두뇌의 순발력과 활성화에는 상당한 양의 당분이 필요하다는 것을 당시에도 알고 있었기 때문이다.

7 군고구마의 가수분해된 단맛

군고구마가 왜 단맛이 많이 날까?

β-아밀레이스 효소의 가수분해 영향

효소 활성화 최적 온도는 50~60℃

고구마에 함유되어 있는 β-아밀레이스(amylase)라는 효소 때문에 맛이 차이가 나는 것인데 고구마의 주성분은 탄수화물로 대부분이 녹말이고 소량의 포도당, 자당, 과당 그리고 식이섬유 등을 함유하고 있다. 녹말 성분은 포도당 분자가 수백~수천 개로 연결된 구조를 하고 있으며, 이런 구조로는 단맛이 매우 약하다. 하지만 고구마에는 β-아밀레이스 효소가 함유되어 있어 고구마의 주성분인 녹말을 맥아당이나 포도당 등으로 분해를 시킨다. 이런 분해 과정이 일어나면 긴 사슬의 탄수화물이 점차 잘게 분해되면 더 달게 느낀다. 맥아당은 엿당이라고도 하며, 포도당 분자 두 개가 결합된 형태로 식혜와 물엿의 주요 단맛을 제공하는 성분이다.

감자에는 이 효소가 없거나 매우 미약할 정도로 함유되어 있어 생감자를 굽는다 하더라도 고구마만큼 단맛을 제공하지는 못한다. β-아밀레이스 효소가 있다고 모두 달콤하게 변화하는 것은 아니다. 생고구마를 먹어 본 사람은 알 수 있듯이 그렇게 달지는 않다. 달콤한 맛을 느끼려면 효소가 잘 활동할 수 있는 조건이 만들어져야 한다. 고구마를 굽는 과정에서 온도가 서서히 올라가면서 β-아밀레이스 효소가 가수분해시키기 좋은 최상의 조건을 거치게 되는데 이 과정에서 많은 녹말 분자들의 가수분해가 일어난다.

삶은 고구마보다 군고구마가 더 맛있게 느껴지는 것은 효소 활동이 활발하게 일어날 수 있는 여건 외에도 굽는 과정에서 약간 탄 듯한 과정을 거치며 구수한 향기를 지닌 갈변화된 물질들을 만들어 내기에 더욱 맛이 있게 느껴진다. 갈변화 물질들은 색이 변하는 것도 있지만 맛과 향에 있어서도 더 좋은 변화를 가져온다. 갓 구워낸 빵들이 맛있는 이유도 그와 유사하다.

일반적으로 효소들은 자신들이 잘 활동할 수 있는 적정 온도가 있다. 만일 그 온도보다 낮으면 효소는 활동을 개시하지 않거나 활성이

　　　　　　　　　　단맛 음식의 원리

미약한 편이다. 하지만 온도가 점차 올라가면서 적정 온도에 도달하면 효소의 활동은 놀랍도록 빠르게 진행된다. 그러나 무한정으로 온도를 올릴 수 없는 이유는 효소가 단백질로 구성되어 있고 생명력이 있다 보니 온도가 지나치게 오르면 단백질이 변성되면서 효소는 불활성화 되어버리고 만다. 따라서 알맞은 온도를 선택하여 효소의 활동을 극대화시키는 것이 중요하다. 군고구마를 구울 때 무조건 센불로 직화하여 굽게 되면 효소들이 제 역할을 하기도 전에 죽어 버려 달달한 맛을 내지 못할 수가 있다. 서서히 온도를 올려 나가는 것이 중요하다.

β-아밀레이스 효소가 가장 활성화될 수 있는 온도는 50~60℃이다. 그래서 고구마를 굽기 전에 오븐 온도를 60℃ 정도에 맞추어 30분 정도만 두면, 효소들이 탄수화물을 잘게 자르는 작업을 활발히 하게 되면서 포도당이나 과당의 함량이 생고구마보다 6~8배나 증가하게 되기 때문에 훨씬 맛이 달달한 고구마가 된다. 군고구마를 구울 때 직화보다는 둥그런 터널과 같은 통 자루에 넣어 화덕에서 굽거나 뜨거운 돌에 의해 간접적으로 가열하는 방식을 선택하여 굽는 게 좋다. 고구마처럼 녹말이 많은 식품은 높은 온도로 급하게 구워내면 고구마의 내부까지 온도가 오르기도 전에 겉표면 쪽은 타버리고 속은 익지 않은 상태가 된다. 그래서 사람들은 고구마를 구울 때 자연스럽게 뜨거워진 돌이나 재 속에 오랫동안 묻어 두면서 익히는 방법을 선택한다.

굽는 동안 고구마의 속과 겉의 온도 차이를 줄이며 천천히 가열하는 것이 바람직하다.

너무 높지 않은 온도로 오랜 시간 익힌다면 고구마 내부에서는 신기하게도 서서히 온도가 올라가면서 효소들의 활동이 활발히 이루어져 단맛을 제공한다. 고구마를 삶는 경우 100℃의 수증기로 가열하다 보니 오히려 높은 열이 제공되어 효소분해가 일어나기는 하나 초기에 일부 일어나고는 효소들이 대부분 죽어 버리기 때문에 더 이상 가수분해 활동을 못 하고 만다. 그리되면 군고구마에 비하면 상대적으로 단맛이 떨어진다.

단맛의 시작,
단맛의 출발점은?

단맛 본능, 입안 전체 맛감각 시절

젖당(20~25Brix)도 아주 달게 느껴

단맛 본능은 어디에서부터 출발할까? 아마도 엄마 뱃속에서 탯줄을 통해 공급을 받았던 태아 시절부터다. 엄마 배 속의 양수에 단맛 성분이 많으면 양수를 많이 먹고 쓴맛이 나면 양수를 적게 먹는다고 한다. 태아는 양수의 다른 맛을 감지하고 반응할 수 있으며 태아가 양수의 맛에 따라 양수를 조절하여 삼킬 수 있다는 것은 신비로운 일이다. 누가 가르쳐 주지도 않았는데 말이다. 이는 태어나기 전부터 발달하는 미각이 개인의 선호도와 혐오감을 형성하는 데 중요한 역할을 할 수 있음을 시사한다.

아이의 미각은 자궁 내에서 발달하기 시작하여 출생 후에도 계속 진화한다. 영아는 단맛에 대한 선호와 쓴맛에 대한 혐오감을 가지고 태어나는데, 이는 특정 음식에 대한 안전이나 위험을 감지하는 본능적인 반응일 수 있다. 엄마를 통해 먹을 수 있는 것의 맛이라면 대체로 안전하다고 믿었다. 아이들은 성장하고 발달함에 따라 맛에 대하여 더 세련되고 복잡하고 다양한 맛을 선호하기 시작한다.

신생아들에게 설탕물을 묻힌 장난감 젖꼭지를 빨게 해주면서 주사를 놓아줄 때는 떼를 쓰지 않는 반면 쓴맛이나 떫은맛을 묻힌 것을 제공하면 태어난 지 얼마 되지 않은 아이들조차 장난감도 거부하고 주사도 거부한다는 사실은 아이들조차 단맛을 구별하고 또 좋아한다.

어린 유아들의 입안에는 혓바닥뿐만 아니라 입안의 모든 부분에 단맛을 감지하는 미각 수용체가 있어서 단맛이 아주 적은 유당(설탕의 20~25% 감미도) 같은 경우라 하더라도 아기에는 충분히 달게 느껴진다. 유당은 단당류와 이당류 중에서 가장 단맛이 적은 당이다. 이렇게 약한 단맛을 갖기에 일반적으로 약을 조제할 때 증량제로 이용된다. 이토록 단맛이 약한 유당이 엄마의 젖을 통해 아이에게 전달되어도 아기는 충분히 단맛을 느낀다. 아기가 성장하면서 점차 입안의 미각 수용체는 점차 퇴화되기 시작하고 혓바닥의 미각 수용체가 그 역할을 대신하면서 과거보다 조금 더 단맛을 점차 찾게 된다.

아기가 성장하고 발달함에 따라 선호도와 민감도가 변한다. 사람

단맛 음식의 원리

이 나이가 들면서 혀의 미각 수용체 수가 감소하여 단맛을 포함한 특정 맛을 감지하는 능력이 영향을 받을 수 있겠으나 문화적, 환경적 영향과 같은 다른 요인에 의해서도 개인의 취향이나 선호도를 형성하는 데 중요한 역할을 한다. 어른이나 아이 모두가 새로운 것에 대한 도전을 싫어하거나 피하려고 한다. 자동차나 화장품이나 컴퓨터 게임과 같은 것들은 누구나 새로운 것에 대한 호기심이 강하다. 그러나 한 번도 먹어보지 않았던 것을 먹어야 할 때는 두려움이 앞선다. 레스토랑에서 먹는 경우 이미 안전하다는 인식을 가지고 접하는 것이라 별반 어려움 없이 먹을 수 있지만 원시림 같은 곳에서 혼자서 살아남아야 하는 환경이라면 이것을 먹어도 괜찮을까 하는 생각이 앞서기 마련이다. 어른들이 이런 오지에 놓이게 될 때의 심정을 아이들은 처음 접하는 음식에서 느끼게 된다. '맛이 있을까'보다는 '먹어도 안전할 것일까!' 하는 생각 말이다. 더군다나 별로 먹고 싶지도 않았던 것을 본의 아니게 먹게 되어 상당히 고통스럽거나 괴로웠던 경험이 있었다면 먹는 것을 선택하는 데 두려움이 앞설 수 있다. 트라우마와 같은 상황에서 고통의 경험은 사람이 음식을 선택하는 데 강한 영향을 미친다. 특정 음식에 대한 두려움이나 혐오감은 부정적인 경험으로 마음속 깊이 뿌리내릴 수 있다. 이는 음식을 먹고, 안전하더라도 후일 음식을 선택하는 데 영향을 미친다. 본능과 경험 사이의 상호작용은 복잡하며 둘 다 음식을 선호하거나 결정하는 데 중요한 역할을 한다. 쓴맛을 피하려는 본능적인 반응은 쓴 음식에 대하여 이전의 긍정적인 경험마저도

수정될 수 있다.

처음 대하는 식품이 안전한지, 먹어도 되는 것인지에 대하여 아이들은 때때로 자신감을 얻기 위해 어른들에게 물어본다. 과거 어릴 적에 어떤 음식에 대해 부정적인 경험을 한 적이 있다면 해당 음식에 대하여 혐오감을 보이거나 피하게 된다. 특별히 그 경험에서 불쾌하였거나 고통스러웠다면 더욱 피하게 된다. 이 경우 잠재적 위험을 피하려는 본능이 특정 취향에 대한 욕구보다 우선시 되며 부모는 자녀가 새로운 음식을 탐색하고 미각을 발달시킬 수 있는 기회를 주기 위해 편하게 접근할 수 있는 환경을 제공하는 것이 중요하다.

아이들은 어려서부터 단맛을 좋아하는 건 당연한 일이라고 인류학자들이 밝혀낸 바 있다. 여러 가지의 맛들을 좋아하는 정도는 그들 나름의 생활습관과 문화에 따라 각각 달라질 수 있지만, 단맛은 모든 인류가 공통적으로 좋아하는 맛이다. 아이들이 아무리 단맛을 선호하는 본능을 타고났어도 이를 잘 자제할 수 있겠느냐 하는 문제는 부모가 어떻게 생활습관을 유도해 나가느냐에 따라 달라진다.

인류학과 심리학 연구에 따르면 인간은 아주 어릴 때부터 단맛을 선호하는 경향이 있어 영유아 시기에는 종종 단맛에 강한 선호도를 보이는데, 이는 특정 식품의 안전성이나 영양소 함량을 나타내는 본능적인 반응일 수 있다. 그러나 취향 선호도는 생물학에 의해서만 결정되는 것이 아니며 문화적, 환경적, 개인적 요인도 사람들이 좋아하고 싫어하는 것을 형성하는 데 중요한 역할을 한다. 또한 사람들의 취향은 새롭고 다양한 음식과 경험에 노출되면서 시간이 지남에 따라 변한다. 음식을 선택하는 것이나 좋아하는 단맛을 결정하는 것이 아이의 마음에 달려 있기는 하나 한편으론 이를 어떻게 자제시켜 나가느냐는 것은 부모가 가르치는 식습관에 의하여 결정되므로 어릴 때 이를 잘 잡아주는 부모의 역할이 매우 중요하다.

단맛의
시각적 매력

9

단맛과 시각적 매력의 본능 자극 목적

어떻게 하면 아이들의 본능을 자극할 수 있을까! 이런 목표를 향해 나갈 때 가장 많이 대두되는 점은 단맛과 함께 색상과 포장 디자인이 강조되는 경우가 많다. 디자인과 색상은 아이들이 맛보지 않고 선택하고픈 욕망에 어필하고 매장에서 아이들의 관심을 끄는 데 중요한 역할을 한다. 누구보다도 아동심리학자들이 그런 포인트를 빠르게 파악한다. 다채로운 포장에 달콤한 맛은 제품에 대한 긍정적인 마인드를 형성하여 아이들에게 더욱 매력적으로 다가간다. 단맛과 시각적

140　　　　　　　　　　　　　　　　　　단맛 음식의 원리

매력에 대한 이러한 강조는 자칫 건강에 해로운 음식의 과소비에도 기여할 수 있으며, 이는 어린이의 건강에 부정적인 영향을 미칠 수 있다는 점에 유의해야 한다.

식품 제조업체가 이처럼 어린이의 본능을 자극하기 위해 아동심리학 배경을 가진 사람들을 신제품 개발팀에 포함시키는데 이 접근 방식은 심리적 요인이 특정 식품에 대한 아동의 구매 행동을 증가시키며 선호도에 영향을 미친다. 좀 다른 예이지만 제품 구입시 선물로 주는 기념품을 또 받고자 불필요한 구매를 하는 경우를 보는데 이런 시도를 행하는 이유는 심리적 요인을 더 깊이 이해함으로써 식품 제조업체는 어린이에게 더 매력적이고 어린이의 요구를 더 잘 충족시키는 제품을 디자인할 수 있다고 믿기 때문이다. 이런 전략은 윤리적이어야 하며 어린이의 취약성을 악용해서는 안 된다.

단맛을 이용하여 아이들의 구매 행동을 높인다 하더라도 최근 국내외 대형 식품회사들이 어린아이들 제품의 단맛을 점차 줄여나가기 위해 설탕의 함량을 연차적으로 줄여 나가는 노력들은 참 다행인 점이다.

단맛의
심리적 접근법

10

많은 엄마들이 고민하는 것 중 하나가 아이들과 밥상 전쟁이다. 자녀의 입맛에 맞는 것을 해주어야 하는데 대체로 어른의 식성이나 어른들이 좋아하는 식성대로 또는 요리하기 편한 것을 제공하는 경우가 있어 아이들이 싫어하는 경우가 많다. 아이의 입맛에 맞는다고 선택한 음식이 가만히 보면 엄마의 마음에 드는 것들로 이루어져 있다. 아이는 엄마의 음식을 먹고 싶은 것이 아니라 아이들 자신의 음식을 먹고 싶은데 말이다. 아이의 심리와 식습관에 대하여 고민하거나 생각해 보기보다는 그저 엄마가 생각하기에 좋을 것 같다는 것을 아이도 좋아할 것이라고 믿고 행동에 옮기는 경우가 대부분이다. 또 무조건 좋은 것만 많이 먹이면 된다는 생각은 아이들을 설득하기가 어렵다. 상대방의 입장에서 입맛을 고려한 식단을 구성하고 있지 못하다는 점은 안타까운 부분이다. 부모만을 위한 밥상이 되지 않도록 아이들의 입장에서 그들의 식습관 속에 숨어있는 아이의 심리를 이해하고 어떤 문제들을 고려해야 할는지 반성해 보아야 한다. 나아가 부모 자신이 가지고 있는 문제점들을 심도 있게 각계 전문가들의 이야기를 귀담아 들어 볼 필요가 있다. 이것은 아주 중요한 포인트이다.

아이들의 음식 선호도는 유전학적인 면이나 문화적 배경, 어린 시절의 경험뿐만 아니라 그들이 노출되는 음식을 포함한 많은 요인에 의해 형성된다. 이런 점에서 부모는 자녀의 개별 취향에 대한 선호도를 염두에 두고 다양한 건강식품을 제공하려고 시도하는 것이 중요하다. 이 과정에서 왜 이런 음식을 선택하는 것이 좋은지 자녀들과 이야기 나누는 기회를 가지다 보면 자녀가 평생 지속할 건강한 식습관을 형성하도록 돕는 데 중요한 역할을 할 수 있다. 이때 과일, 채소, 통곡물, 저지방 단백질을 포함한 다양한 건강식품에 아이들을 노출시키고 건강한 식습관과 태도를 바로 잡아주어야 한다.

또한 자녀들은 때때로 음식을 까다롭게 먹을 수 있으므로 부모가 인내심을 갖고 이해하는 것이 중요하다. 자녀들에게 특정 음식만을 먹도록 강요하거나 식단을 제한하기보다는 건강에 좋은 다양한 옵션을 제공하고 자녀들이 스스로 음식을 선택하도록 격려하는 것이 바람직하다. 부모는 자녀들이 개별적으로 필요한 것과 선호도를 고려하여 자녀의 성장과 발달에 필요한 영양을 제공하되 식단 구성에 있어 자녀들과 함께 소통하면서 접근하는 것이 중요하다.

여기서 자녀들이 원한다고 무조건 허용하는 데에도 문제가 있다. 단맛을 가진 음식을 쉽게 구하기 어려웠던 환경에서는 양에 관계없이 먹어도 그리 큰 문제가 되지 않았으나 많은 종류의 음식과 더불어 풍족하게 단맛 음식을 선택할 수 있는 오늘날에는 장기적으로 단맛 음식의 섭취에 따른 당뇨나 비만과 같은 성인병의 발병 요인을 고려하여 설명해 주어야 한다. 따라서 소아비만이나 소아당뇨가 청소년들에게 나타나는 요즈음은 왜 단 것을 조절해서 먹어야 하는지에 대해 자녀들이 이해할 수 있도록 함께 이야기를 나누어 보는 것이 중요하다.

우리나라 교육 중에 과거 가정과 실과라는 과목이 있었다. 대학입시와는 거리가 멀다고 지금은 다루고 있지 않지만 요리하는 것과 도구를 사용하는 것이 심리적으로 굉장히 중요하다. 물건을 만들고 고치는 대신 만들어진 물건이나 음식을 산다는 것은 내가 아닌 무엇에 통제를 받는 삶 속으로 들어간다는 의미를 가지기 때문이다. 스스로 만들면서 음식 재료 하나하나의 의미와 영양 그리고 나아가 나 자신의 건강과도 연관 지어봄으로써 자기 건강과 주체의식을 심어줄 수

144

있다는 측면에서 우리의 교육 시스템이 영양 문맹을 초래하게 만든 것이 아닌가 싶어 매우 아쉬운 부분이기도 하다.

영국의 초등학교 수업에서도 직접 파운드케이크를 만들어 보는 요리 수업시간이 있다. 아이들은 파운드케이크를 모두 좋아하였기에 신이 났다. 선생님이 재료를 제공하는데 밀가루, 설탕, 계란, 버터 1파운드씩 혼합한다는 말에 깜짝 놀란다. 이들을 반죽하면서 잘 섞여지지 않는 버터와 설탕을 보면서 "버터와 설탕이 이렇게 많이 들어가냐!"며 자신들이 '이런 것을 좋아하였단 말인가!' 생각하고는 모두 놀라서 파운드케이크를 만드는 수업을 한 후 스스로 파운드케이크를 먹는 일을 줄이게 되었다는 일이다.

잘못된 맛지도와 맛봉오리

맛지도, 혓바닥 위치에서 특정 맛 느낀다고?

100년간 '맛지도 오류' 세계의 학교서 가르쳐

1901년 독일의 헤니히(Hänig D.P.) 연구자는 혀의 부위에 따라 맛의 민감도가 각각 다르다는 점을 발견하였다. 혀의 중앙 부분은 특히 맛에 둔감하고, 가장자리가 민감하다는 점이었다. 여러 맛 중에서도 단맛은 혀의 앞부분, 쓴맛은 혀의 뒷부분에서 조금 더 잘 감지된다고 생각하였다. 헤니히는 4가지의 맛(단맛, 신맛, 짠맛, 쓴맛)에 해당하는 시료 용액을 준비하여 붓으로 각각 찍어 혀의 각기 다른 장소에 터치를 하면서 평가자들에게 상대적인 맛의 강도를 평가하게 한 결과, 혀의 위치에 따라 맛을 감지하는 역취에 차이가 난다는 사실을 발견하였다. 역취는 맛의 감각을 느끼는 최소한의 농도를 말한다. 헤니히는 혀의 위치에 따라 역취값이 차이가 있어 민감하게 반응을 하였다는 것인데 사실 그 차이는 미미한 정도였다(그림 7). 어떤 의미에서는 충분히 실험오차 범위 안에 들어 갈 수도 있는 정도였을 것으로 보인다.

당시 헤니히는 아직 이런 것들에 대한 체계가 확립되지 못한 상태였고 충분한 실험들이 뒷받침되어 수행되고 검토된 것이 아니었기에 대략적으로 생각한 것을 나타낸 것으로 일종의 보조 자료에 불과하였다. 하지만 이를 알게 된 하버드 대학의 보링 교수는 이 제안에 대한 요점을 토대로 많은 사람들이 알기 쉽도록 전달하고픈 욕망이 지나쳐 극적인 설명을 통해 일반인들에게 보다 쉽게 소개해 주고 싶었던 것

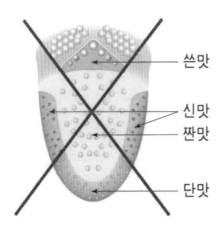

· 그림 7 · 헤니히(Hänig)가 소개한 틀린 혀의 맛지도

같다.

하버드 대학 교수인 에드윈 보링 교수는 실험적 심리학 분야의 대가였다. 그가 설명한 맛 지도는 틀림이 없을 것이라고 많은 사람들이 믿었던 것이다. 사람들은 헤니히가 소개한 맛 지도에 대한 틀린 정보에 대하여 보링 교수가 재차 발표를 하였으니 아무런 비판 없이 이를 순순히 받아들였던 것이다. 그리하여 우리들이 초등학교 시절 배웠던 혀의 맛 지도라 불리던 것은 안타깝게도 충분한 검토 과정이 뒤따르지 못한 채 섣불리 세상에 알려지기에 이르렀다. 헤니히 연구자가 어떻게 연구하여 얻어낸 결과인지 오늘날처럼 직접 들여다볼 수 없었던 당시 사람들로서는 이에 대한 반박을 하기가 어려웠다. 에드윈 보링 교수가 설명한 판단이 아마도 옳았을 것이라고 선입관을 가지고 비판 없이 받아들여졌다고 본다. 오늘날과 같이 파워포인트가 있고 이미지 사진을 메일을 통해서 쉽게 주고받을 수 있었더라면 충분한 소통이 가능하였을 텐데 말이다. 그 당시에는 오늘날과 달리 여러 사람을 거쳐서 정보가 전달이 될 수밖에 없었고 당연히 말의 전달 과정에서 조금씩 과장될 수가 있었을 것이다.

단맛 음식의 원리

이 맛지도의 기원을 조사하였던 린다 바르토슉(Linda Bartoshuk)은 맛지도의 정보가 잘못 전달되고 보링 교수는 헤니히가 발견한 사실을 좀 과장하여 표현하기에 이르렀다고 판단하였다. 따라서 전 세계의 모든 교과서에 오랫동안 잘못 소개되어 왔던 맛지도는 최근에 이르러 수정이 불가피하였다. 맛지도의 탄생은 혀가 어떻게 맛을 느끼는지를 보다 단순하게 설명하고자 하였으며 거의 100여 년에 걸쳐 수많은 전 세계의 학교 선생님들이 이런 잘못된 정보를 그대로 가르쳐왔다. 그런 탓에 우리나라에서도 어린아이들이 쓴 약을 먹을 때 부모들은 '꿀꺽 삼켜 버려라!'라고 말해 주곤 하였는데 그 이유는 쓴 약이 입안에 머무르는 시간이 길면 길수록 쓴맛을 많이 느끼게 되고 뿐만 아니라 목구멍 쪽에 있는 부분이 쓴맛을 느낀다고 알고 있었기 때문에 그곳에 닿아 감지하는 시간이 가급적 짧게 유지하기 위해서였다. 하지만 아무리 꿀꺽 삼키려고 노력을 하여도 약은 쓴맛을 남겨주고 말았다.

헤니히가 실험을 통해서 알려진 맛지도를 토대로 많은 학교의 선생님들이 실습을 해보고자 하였다. 각기 다른 맛을 지니고 있는 대표적인 식품으로 설탕, 소금, 레몬즙, 키니네 등을 물에 타서 맛을 보며 실제로 혀의 위치에 따라 각기 다른 4가지의 맛들을 느끼고 있는지를 학생들이 경험하도록 확인하는 실험이 이루어졌다. 실제로 실험에 참가한 학생들은 교과서의 내용 그대로 해 보았지만 혀의 위치에 따라 뚜렷하게 각각의 맛을 느끼지 못하였고 혼돈에 빠지게 되었다. 실험한 결과와 일반 상식으로 자리 잡혀 버린 보링의 이론은 많은 사람들에게 혼동을 가져오기에 충분하였으며 정말로 이 이론이 맞는 것인지에 의구심이 확대되기 시작하였다.

미각세포는 꽃봉오리 미뢰(taste bud) 형태

한 개 미뢰가 단–신–쓴–짠맛 모두 감지

2000년대에 오면서 감칠맛 이외의 4가지 맛 모두가 모든 미뢰(味蕾, taste bud, 맛을 느끼는 감각 세포가 몰려있는 세포)에서 다섯 가지의 미각을 감지할 수 있는 맛 수용체 단백질이 분포되어 있으며 각각의 단백질들은 다섯 가지의 맛을 가지는 분자와 결합한 후 이를 감지하는 것으로 알려졌다. 결국 혀의 어느 부분에서도 모든 맛들을 감지할 수 있다는 것을 미국 메릴랜드 의대 데이비드 스미스 교수와 미국 마운트시나이 의대 로버트 마골스키 교수가 과학잡지 '사이언스 어메리칸'(Scientific American) 2001년에 발표했다.

스미스 교수와 마골스키 교수 연구팀은 단맛, 쓴맛이 나는 화합물을 감지하는 미각세포의 주요 단백질이 시각작용에 관여하는 단백질과 유사하게 작용한다는 사실을 밝혀냈다. 마골스키 교수는 "이는 망

막으로 들어온 시각자극을 처리하는 신경세포가 한 가지 이상의 색상에 반응하는 원리와 유사하다"고 밝혔다. 미각경로에 분포하는 신경세포들은 시각시스템 속의 신경세포가 형태, 밝기, 색상, 움직임을 나타내는 것과 유사하게 여러 가지 맛 정보를 동시에 나타낸다. 맛을 감지하는 미각세포는 꽃봉오리처럼 생긴 '미뢰' 속에 들어있으며 미뢰는 양파 모양을 하고 있는데, 그 속에는 50~100개의 미각세포(taste cell)가 들어있다. 미각세포마다 미세융모(microvilli)라는 길쭉한 꼭지가 몇 개씩 돌출되어 미뢰 표면의 미공(taste pore)에 연결돼 있다. 음식이 입안에서 침에 녹으면 이 미공을 통해 미각세포와 접촉하며 이 과정

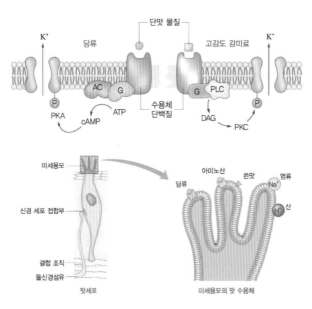

· 그림 8 · 맛(미각) 수용체에서 단맛 물질의 인식과 신호 발생

(출처 : 이형주 외, 2020)

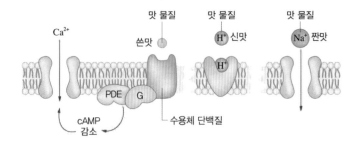

• 그림 9 • 맛(미각) 수용체에서 쓴맛, 신맛, 짠맛 물질의 인식과 신호 발생

(출처 : 이형주 외, 2020)

에서 미각세포의 표면단백질과 맛 성분이 반응을 한다. 이 반응은 미각세포 내에서 전기적인 변화를 일으켜 화학신호로 뇌를 자극하며 각기 다른 맛 물질마다 특징을 나타나는데 이때 우리는 맛 물질을 감지하게 된다. 이런 사실로부터 혓바닥의 위치에 따라 맛을 지각하는 것이 다르지 않다는 사실을 밝혔다.

잘못된 맛지도의 오류를 보면서 위대한 과학자도 실수를 할 수 있는 것이며 그것 또한 후대에 증명 과정을 통해 확인이 될 수 있었다. 우리가 접하는 정보에 대하여 '과연 그것이 그럴까?'라는 질문이 항상 필요한 것은 바로 이 때문이며 아무리 위대한 사람의 견해라도 그의 생각이나 고견에 대하여 선입관을 가지고 바라보아서는 안 된다.

맛의 표준화 방법

12

단맛은 사람마다 다른 주관적인 맛

표준화 방법은 어떻게 진행됐을까

유의성과 정량, 농도 등의 수치화

〈그림 10〉은 영국 만화가 윌리엄 엘리 힐(William Ely Hill, 1887~1962)
이 그린 그림 '나의 아내와 시어머니'다. 1915년 미국의 한 유머 잡지
(Puck)가 소개할 때 '보링의 인물'(Boring Figure)이라는 새로운 이름
을 붙여 유명해진 그림이다. 1930년에 미국의 심리학자 에드윈 보링
(Edwin Boring)이 "새로운 모호한 인물"이라고 그의 논문에 소개하면
서 더욱 유명해지게 된다.

이 그림을 어떤 관점에서 어디에 주안점을 두느냐에 따라 아내로도 보일 수도 있고 시어머니로도 보일 수 있다는 점이다. 귀로 볼 수도 있고 눈으로도 볼 수 있는 부위를 귀로 보면 턱의 선으로 나타나지만 귀가 아니라 눈으로 보면 턱으로 보였던 부위가 코를 나타내기도 한다. 이런 관점은 보는 사람의 나이에 따라 다르게 느껴질 수 있어 젊은 사람들이 보면 젊은 여자로 보이지만, 나이가 드신 분들이 보면 나이 든 할머니로 느껴진다는 평가인데 잠재의식 속에서 이미지에 대한 초기 해석에 영향을 끼치는 요소가 연령에 따라 달라질 수 있다는 점이다.

당시 심리학은 철학, 정신요법, 그리고 실험적 심리학이 뒤섞여 있었고 이를 토대로 연구한 보링은 심리학에 대하여 일반인들의 인식을 바꾸어준 당대 유명한 하버드대 교수였다. 보링은 사람이 맛을 보고 느끼는 과정 속에서 자신의 감각이 어떻게 느껴지는가에 대한 관심이 많았던 학자이다.

식품에서 맛이나 향기에 대한 평가를 함에 있어 주관적인 요소들이 많이 개입되지만, 보다 객관화하려는 노력을 많이 해 왔다. 심리학이 식품 분야에도 도입이 되면서 식품심리학을 연구한 사람들에 의해 맛에 대한 평가를 계량화 할 수 있는 방법들이 모색되어 왔다. 이후 심리학적인 부분들이 고려된 감각평가 방법들이 보다 많은 사람들의 의해 유의성 여부에 따라 수치화하고, 객관적으로 표현할 수 있는 접근 방법들이 많이 소개되었다. 심리적인 부분뿐만 아니라 정량적인 방법으로 일정한 농도의 맛 성분을 제대로 느낄 수 있는지를 살펴보고 농도의 차이에 따라 상대적인 수치로 시료 간의 차이를 나타냄으로써 상호 비교할 수 있는 방법들을 구축할 수 있었다. 감각평가(일명 관능검사라고 함)의 정도를 정확히 수치화까지는 아니더라도 객관적으로 납득할 수 있는 범위까지 표현할 수 있는 방법들이 확립되어 상대적인 차이를 판별할 수 있게 되었다.

아주 약한 자극을 탐지하는 능력은 그 자극에 대한 민감도뿐만 아니라 관찰자의 판단준거에 따라 달라진다고 가정하는 이론인 신호탐지이론과 Thurstonian 모델링을 활용한 감각 차이 식별 분석 방법론이 개발되었다. 산업체에서 제품 품질관리의 행동 기준(action standard)으로 소비자가 허용하는 감각 차이의 범주를 설정하고, 지속적으로 제품의 감각적 특성을 평가하면서 감각적 또는 기호적 품질 변화를 체계적으로 모니터링 할 수 있는 전략적 연구법들이 소개되었다. 향후 식품 산업에서 자료의 통합과 활용을 위해 표준화 작업들이 보다 발전되어야 할 것으로 여겨진다.

객관적 감각평가 지표는 어떤 것이 있나?

시간대–음식 섭취–몸 컨디션–숙련 정도–선입관–붉은빛

맛에 대한 감각 평가에 있어 중요한 것은 어느 시간대에 측정을 하느냐(오전 10시, 오후 3시가 바람직함), 어떤 종류의 식사를 사전에 하였느냐 혹은 너무 배가 고픈 상태가 아니냐 하는 문제가 있다. 식사 중 매우 자극적인 음식의 섭취는 이런 평가에 영향을 미칠 수가 있다. 따라서 감각 평가를 하는 사람들은 가급적 자극적인 음식의 섭취는 자제를 하여야 하며 평가 작업은 객관적인 상황에서 이루어져야 한다. 이런 연유로 와인을 감별하는 소믈리에는 자신이 먹고 싶은 음식도 평소 참아야 한다.

맛 평가자의 심적인 상태가 안정되고 차분한 상태에 있느냐 아니면 불안한 상태에 놓여 있는지 등 몸의 컨디션도 중요한 변수가 된다. 만일 중요한 시험을 앞둔 사람이거나 개인적인 일이나 가사의 우환으로 스트레스를 많이 받고 있는 상황에서 맛에 대한 평가 작업에 참여한 다면 올바른 평가를 하기가 어렵다.

뿐만 아니라 평가자들마다 맛을 감지하는 숙련 정도가 다르다. 어떤 사람은 매우 민감하게 반응하는 데 비하여 어떤 사람은 둔감하다. 이런 문제를 극복하기 위하여 사전에 특정한 맛과 맛의 농도에 따른 훈련 과정을 실시하는데 이런 과정을 거쳐 공감할 수 있는 비교적 객관적인 데이터를 모을 수 있는 평가자 집단을 선정하여 평가를 실시한다.

감각 평가를 하는 사람에 따라서 선입관의 정도가 차이가 나며 이런 선입관은 맛의 평가에 상당한 영향을 미친다. 따라서 색상이나 광택 등 형태가 지닌 특성에 대한 선입관을 배제하기 위해 일부러 어두운 곳에서 붉은 빛 아래 맛 평가를 한다.

입안에서 느끼는 조직감을 평가할 때는 붓으로 터치하는 힘의 세기 정도를 구별해 낼 수 있는지 등 여러 가지 변수에 대한 것들도 검토되어야 한다. 더군다나 느낌이 다르다고 하였을 때 어느 정도 다른지 그에 따른 비교 정도 차이를 정확히 표현할 수가 있는지 그 표현의 정도를 매번 같은 정도로 판정을 할 수 있어야 한다. 경우에 따라서는 단위가 표시될 수도 있기 때문이다.

주관적인 평가에 대한 객관성을 부여하기 위해서는 많은 사람을 상대로 한 평가가 이루어져야 하므로 통계적인 의미를 가져야 한다. 평가자가 몇 명 참가하는지 적절한 인원수를 확보하여 수행하여야 구체적이고 좋은 정보를 얻어 낼 수 있다. 이처럼 통계적인 유의성을 확보하여야 비로소 맛 특성 간의 차별성에 대한 언급이 가능하다.

13 맛은 심리적인 것

소주 맛이 다르게 느껴지는 이유는?

몸의 생체리듬, 대사 활동 따라 맛은 다르다

사람에 따라 알코올 분해효소가 많은 사람이 있는가 하면 이 효소가 거의 없는 사람도 있는데 이런 사람은 술을 한 모금만 먹어도 금방 취한다. 술을 잘 마시고 못 마시는 정도는 사람이 가지고 있는 알코올 대사 시스템이 발달 되었는가 그렇지 못한가에 따라 다르다. 똑같은 사람에게 나타나는 현상도 상황에 따라 다른 이유는 그 사람의 몸 상태가 생체리듬에 따라 다를 수 있는데 이는 여러 가지 체내 대사 활동이 시간에 따라 조금씩 달라져 영향을 받기 때문이다.

몸 안에서 일어나는 여러 가지 체내 대사 활동은 영양 공급의 차이에 따라 또는 분해하는 속도에 따라 영양소의 흡수 정도가 조금씩 다르다. 이는 나아가 체내 염증을 유발하거나 질병이 생기는 데 영향을 미친다. 소위 생체리듬이 파도를 타듯 좋았다가 그러하지 못했다가를 반복하는데 이런 조그만 차이가 똑같은 소주임에도 불구하고 품질면에서 차이가 나는 것처럼 느낀다.

왜 생체리듬이 달라지는가!

몸에 필요한 영양소가 필요할 때마다 항상 영양소가 적절하게 공급되어지는 것이 아니라 우리들이 먹는 음식물의 종류와 양에 따라 어떤 때는 미네랄이 부족하기도 하고, 어떤 때는 비타민이 부족할 수도 있고 또 어떤 때는 단백질이 부족할 때가 있다. 이런 부족한 영양소는 대사 활동이 최대점에 도달 때에 비하여 원만하게 이루어지지 못할 때가 있다. 생체리듬은 파도를 타며 조금 나았다가 조금 못했다가를 반복하지만 체내에서는 큰 변화가 일어나지 않을 정도로 항상성을 이루려고 노력한다(그림 11).

술이 약수처럼 느껴진다는 것은 그만큼 나의 몸이 술을 받아들일 준비가 잘 되어 있다는 의미로 나에게 필요한 영양소들이 골고루 충족되어 모든 대사 활동들이 원만하게 이루어져 알코올을 분해하는 대사가 매우 원만하게 진행된다. 반면, 똑같은 술이 한약처럼 쓰다는 말은 체내에서의 알코올 흡수가 역겨울 정도로 체내에서 알코올을 받아들

단맛 음식의 원리

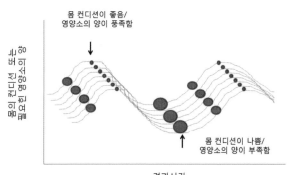

그림 항상성에 따라 외부의 도움이 필요할 때와 필요치 않을 때
● 필요한 영양소가 적음 ⬤ 필요한 영양 소가 많음

· 그림 11 · 항상성에 따라 외부의 도움이 필요할 때와 필요치 않을 때

(출처 : 노봉수, 2008)

이는 준비가 되지 않았다는 의미이다. 영양소의 공급이 원활하지 못
할 수도 있어 대사 활동이 원만하게 이루어지지 못하는 상태다. 이를
테면 체내 아직 알코올 성분이 남아 있거나 혹은 알코올을 분해하는
데 필요한 효소나 영양성분이 부족한 상태로 정상적이지 못하다. 그
런 날은 알코올 분해가 원활하지 못하니 술을 가까이 하지 않는 편이
좋다는 메시지를 주고 있다. 이처럼 식품의 맛이라는 것은 사람의 컨
디션에 따라서도 다르다. 그리고 컨디션의 차이는 심리적인 요인으로
작용한다.

똑같은 밥과 반찬도 집에서 먹을 때와 야외에 나가 경치가 좋은 곳

에서 먹을 때를 비교해 보면 밥맛이 다르다. 주변 환경이 맛을 결정하는 데에도 영향을 미치기 때문이다.

미국 캘리포니아 나파벨리에 있는 포도주 과수원을 방문하면 이곳이 와인을 파는 과수원인지 아니면 다양한 예술품을 전시해 놓은 갤러리인지 분간이 안 갈 정도다. 이런 곳에서 와인을 시음해 보면 대부분 포도주의 맛이 좋게 느껴진다. 실제로 맛이 있어 그럴 수도 있지만 맛이 없다고 생각되는 와인들도 여러 예술작품이 걸려 있는 좋은 분위기에서 아름다운 음악과 불빛 아래서 마셔보면 왠지 고급스러운 것으로 착각을 하게 된다. 포도주 과수원 현장에서 맛이 좋다고 생각한 것 한 병을 사 가지 와서 집에서 마셔보면 과수원 현장에서의 그 맛을 느끼기가 어렵다. 그만큼 맛을 느끼는 우리의 감각기관은 단순히 미각이나 후각만으로 결정되는 것은 아니다.

가장 배고플 때는 어떤 종류의 음식을 주어도 맛있게 느끼고 먹는다. 그 이유는 당장 내 몸이 필요한 영양소가 공급되면 몸의 반응은 바로 최고의 만족감을 느낀다. 맛이 없는 음식조차도 맛이 최고라고 느끼는 것은 평소 품질에 따라 맛을 느끼는 만족도보다도 필요한 영양분이 충분히 공급되었을 때 느끼는 만족도가 영향을 더 미치기 때문이다. 그런 이유로 시장기를 느끼는 경우 맛을 비교 평가하는 일에 참여한다는 것은 큰 의미가 없다. 그래서 감각 평가를 하는 사람들은 시장기를 피해 오전 10시와 오후 3시경에 음식을 맛보는 테스트를 할 것을 권한다.

162

식품의 맛을 판단하는 일은 참으로 많은 변수를 고려하지 않으면 정확한 판단을 내리기가 어렵다. 그럼에도 불구하고 몸의 컨디션이 달라지는 상황에 대하여 평가의 오차범위 폭이 작다고 판단되는 시점에서 식품의 맛을 평가하여야 비교적 정확한 판단을 한다.

Part 4.

단맛과
식품산업의 딜레마

이상적인 배합비, 매력적인 맛

신맛이 강한 레몬과 같은 과일은 식초처럼 느껴져 다른 과일처럼 평소에 먹기가 곤란하다 하지만 덜 익은 신 과일은 점차 시간이 지나면서 과숙이 되면 단맛이 증가하여 단맛과 신맛이 조화를 이루며 익어간다. 100% 레몬 즙액으로 주스를 만들어 판매를 한다면 너무 시어서 소비자들로부터 외면당하기 쉽지만 100% 레몬 즙액을 적절히 희석하고 단맛을 내는 당을 첨가하여 신맛과 단맛이 서로 조화를 이루면 맛좋은 레몬주스 제품이 탄생한다. 과일음료 제품에서는 단맛과 신맛을 표현하는 당과 산도의 비율을 적절히 잘 유지하는 것이 매우 중요하며 그래야 소비자들에게 원하는 제품이 제공된다.

맛의 조화는 과일을 원료로 하는 주스 음료뿐만 아니라 소금이 적절히 들어간 과자의 경우도 마찬가지고 소금과 기름 그리고 설탕이 함께 어우러지는 식품에서도 마찬가지다. 폭발적인 인기를 끌었던 허니버터칩을 개발하는 과정에서도 여러 맛을 조정한 가운데 단맛 중에서도 보다 개성 있는 단맛으로 꿀을 생각해냈다. 꿀이 가지는 독특한 단맛과 더불어 다른 성분들과 잘 조화를 이루어냈기에 많은 사랑을 받을 수 있었다. 다시 말하면 꿀과 다른 성분들의 적절한 배합비를 찾아낸 것이 개발의 핵심이었다.

달달한 커피로 많은 사람들이 즐겨 찾는 커피믹스는 캐나다, 우즈베키스탄, 러시아, 중국, 남미 등에서 한국을 방문한 외국인들이 한 번 맛보고는 모두 깜짝 놀란다. 이렇게 맛있는 커피는 처음이라는 칭찬을 아끼지 않는다. 커피의 원산지라고 할 수 있는 에티오피아의 경우도 많은 국민들이 자국의 커피보다도 우리나라의 커피믹스를 더 좋아할 정도다. 커피믹스는 원두커피와 달리 인스턴트커피이기는 하나 커피원두가 지닌 쓴맛과 신맛에, 단맛을 지닌 물엿, 우유의 맛을 내는 카제인 그리고 고소한 맛을 풍기는 야자유지방 등이 적절하게 잘 혼합되어 환상적인 커피믹스의 맛을 만들어 내고 있다. 물론 인위적으로 첨가되는 향도 영향을 미칠 수 있다. 여러 가지 맛들이 조화를 이루는 가운데 원두커피의 향보다는 야자유 지방의 향이 결정적인 역할을 하였다. 식품을 구성하는 성분들 간에는 제조과정 중 다양한 반응들이 일어날 수 있어 많은 반복 실험을 통해서 어떤 배합비로 혼합을 해야 소비자들이 좋아하는 커피믹스인지를 결정한다. 이를 선택해 내기는 매우 힘든 일이나 소비자의 만족도를 극대화하기 위해서는 최상의 맛을 지닌 조건을 찾아내야 한다.

실험설계 과정에서 가장 좋은 맛을 지닌 배합비를 찾아내기 위하여 모든 경우의 배합비를 실험한다는 것은 어려운 일이며 비효율적이고 비경제적이다. 가장 핵심적인 방향이라고 예측되는 조건들을 모아 최소한의 실험을 통해서 가장 이상적인 맛의 배합비를 찾아내는 것이 필요한데 커피, 음료, 과자의 경우도 마찬가지며 대부분의 신제품을 개발하는 과정에서는 이상적인 배합비를 통해 잘 조화된 매력적인 맛을 찾아 나서고 있다.

중독성과 소비는 함께 간다
중독의 3대 소재 : 소금-설탕-지방

한번 먹고 마는 것이 아니라 반복해서 재구매 상품으로 맛이 있는 제품이야말로 최고의 제품이다. 그렇다면 어떻게 재구매를 유도할 수 있을까? 이런 질문에 많은 식품회사들의 마케팅팀은 가장 좋은 방법으로 중독성을 높이는 방법이 최고라고 말한다. 한 유명 음식점의 사

단맛 음식의 원리

장님은 이런 말을 하기도 한다. 손님 중 15% 정도가 '음식이 좀 짜네요!'라고 말할 때가 음식들의 맛이 가장 선호도가 높을 때이며, 손님들에게 중독성을 부여해 줄 수 있을 지점이어서 이때의 소금 농도를 선택해 음식을 조리한다.

어린아이들이 선택하는 식품의 경우에도 맛 외에 캐릭터가 맘에 들어 구매하는 경우도 있지만 많은 경우 맛에 대한 중독을 유발할 수 있는 소재를 선택할 수 있다면 실패할 확률은 매우 낮다. 그 중독성을 높일 수 있는 식품의 소재는 바로 소금과 설탕 그리고 지방이다. 이 세 가지 요소가 잘 어우러지기만 한다면 소비자의 구매 충동을 사로잡을 수 있다.

20세기 중엽쯤 미국의 가공식품 기업들이 제조한 인기 상품들이 중독성을 높이기 위해 소금, 설탕, 지방을 얼마나 사용하고 있는지 소비자단체가 낱낱이 고발한 적이 있다. 너무 많은 양의 설탕과 소금 그리고 지방을 사용하고 있다는 사실에 항의를 하였으며 이에 대하여 소비자들의 대응이 사회적 문제로 대두되기도 하였다. 당시 미국 대기업 식품제조회사의 최고 경영자들이 모여 가공식품을 먹음으로써 비만 문제가 야기된다고 믿고 있는 사회적 이슈에 대하여 논의를 하였다. 당시 크래프트사의 마이클 머드 부회장은 "우리들이 해서는 안 되는 행동이 하나 있는데, 그것은 아무런 행동도 취하지 않고 있다는 점이다."라고 강조하며 "미국인의 절반 이상은 이미 과체중인데 이중 어린아이들의 비만은 매우 심각하다."고 말하였다. 따라서 미국의 식품

제조업체들은 비만 문제의 근본적인 해결 방법을 모색해야 하며 진심으로 이를 위해 노력하지 않는다면 결코 식품업계에 대한 각종 비난을 잠재울 수 없다고 판단한 바 있다.

미국의 소비자 보호단체들이 나서서 '식품기업이 생산하는 가공식품들은 소금, 설탕과 지방으로 범벅이 되어 있어 비만을 일으키는 주범'이라고 집단적인 공세를 강화해 왔기 때문에 식품기업으로서는 당장 대책 마련이 시급하였다. 그런 가운데 또 다른 그룹은 식품 구성성분의 영양소에 대하여 말하는 것보다는 맛있는 맛을 내는 문제가 가장 중요하다고 주장하기도 하였다. "맛이 좋은 제품을 생산하면 그것으로 의무를 다한 것이고 비만 문제를 해결하고자 맛없는 제품을 제조할 수는 없다"는 점을 강조하기도 하였다. "비만의 문제는 소비자가 많이 먹어서 생기는 것이지 적당히 먹으면 비만은 걱정할 것이 못 된다"고 주장을 하였다.

단맛, 더 강한 단맛, 신속한 단맛
소비자 건강보다 시장 점유율이 강조

식품 제조업체들은 소비자의 건강 문제보다는 어떠한 방법을 동원해서라도 시장 점유율을 높이려는 방향으로만 노력하였다. 그러다 보니 경쟁 업체에서 단맛을 강화하면 설탕을 조금 더 넣어 보다 더 달게

　　　　　　　　　　　　단맛 음식의 원리

만들려고 하였고. 짠맛도 더 짜게, 지방의 경우도 마찬가지였다. 어떤 맛이든 간에 경쟁업체보다는 좀 더 강한 맛을 내기 위해 더 첨가하는 방법으로 제조하려고만 하였다. 더 강한 맛이 소비자들로 하여금 더 선호하게 만들 것이라는 접근 방법은 사회적인 문제로까지 발전하였다. 오늘날 설탕은 1970년대에 비하여 연 32kg, 소금은 1일 섭취 권장량의 2~3배까지 많이 섭취하는 것으로 나타났던 적이 있다. 특히 유럽보다는 미국의 식품제조업체들 간의 불필요한 경쟁으로 비만이나 당뇨병을 비롯한 성인병 환자들이 급증하게 되자 결국 미국 정부는 비만과의 전쟁을 선포하고 식품회사들도 책임감을 갖고 이 문제의 해결을 위해 노력할 것을 요구하였다. 당시 이로 인해 발생한 손실은 엄청났으며 지금까지도 그 후유증에 시달리고 있다.

소비자의 선호도를 높이는 것이 단순히 많은 양을 첨가한다고 해결되는 것은 아니다. 식품의 매트릭스를 구성하는 다른 여러 성분들과의 조화도 매우 중요한 부분이다. 여러 성분들 중에서도 설탕은 즉시 뇌를 강타할 정도로 임팩트가 강하고 단맛이 신속하게 나타난다. 반면 지방은 설탕과 달리 입안에서 은은하게 점진적으로 지속시키는 느낌을 제공한다. 또 사용한 지방이 동물성 지방이냐 식물성 지방이냐에 따라서도 전혀 다른 맛의 매력을 제공한다. 미국의 유명 패스트푸드 레스토랑에서 감자튀김을 만들 때 기름 전부를 동물성 지방을 사용한 적이 있었다. 그런데 식품영양학자들이 동물성 지방이 식물성 지방에 비하여 성인병 유발에 영향을 많이 미친다는 점을 발표한 후 프렌치프라이를 튀기는 기름 전부를 식물성 지방으로 바꾸어 버렸더니 맛이 없어져 소비자들로부터 외면을 당하였던 적이 있다. 영양학적으로 아무리 중요하더라도 맛이 없으면 소비자들로부터 외면을 받을 수밖에 없다. 회사매출액이 절반 가까이 떨어지게 되자 결국 두 가지 기름을 적절히 혼합하여 소비자들이 다시 돌아오는 방법을 선택하기에 이르렀다.

많은 식품업체들은 소금, 설탕, 지방 중 어느 한 성분에 대하여 비난 여론이 집중될 때마다 문제가 된 성분을 빼거나 점차 함량을 낮추었다. 또 설탕 대신에 단맛 기능을 가진 감미료 물질로 대체하여 제조하였다. 소비자의 신뢰를 잃어버린 마당에 새로이 첨가한 성분에 대하여 소비자들에게 충분히 이해를 시키지 못하면 좋은 품질의 제품임에도 불구하고 거부당하는 경우까지도 발생하였다.

여기서 생각해 보아야 할 문제는 최고의 식품이라는 기준을 어디에 둘 것이냐 하는 문제를 생각해 보아야 한다. 제조회사의 이익 창출이 우선이냐? 아니면 소비자의 건강이 우선이냐? 무엇에 가치를 둘 것이냐에 따라 제조 방법이나 개발 방향은 달라질 수가 있다.

중독성은
신제품의 지복점(Bliss point)

맛의 정점, 만족 포화점은 어떻게 정하나?

주요 성분 양을 정교하게 조합하기

식품회사들이 치열한 경쟁을 하면서 음식 맛에 대하여 중독성에 이르도록 한 데에는 일부 식품산업체 소속 연구소의 역할이 컸다. 이들은 나트륨, 설탕, 지방 등 여러 가지 맛을 잘 조율하면 소비자들의 미각 한도가 점점 올릴 수 있다는 점을 발견하였다. 이때 환상적인 분위기를 느낄 수 있는 맛의 정점, 또는 만족 포화점, 소위 지복점(Bliss point)이라고 말하는 정점에서의 각 성분들의 농도를 찾아내는 방법을 활용하기에 이르렀다. 지복점이란 단맛, 짠맛, 느끼한 맛 혹은 고소한 맛을 대표하는 주요성분의 양을 정교하게 조합하여 이들이 만들어 내놓는 가장 선호할 수 있는 맛의 농도에 해당하는 포인트(지복점)를 말한다.

　설탕, 소금, 지방 등 대표적인 3가지 성분의 농도가 서로 간에 조합에 따라 상대적으로 영향을 미칠 수 있다는 점을 고려하여 여러 조건의 반복 실험을 통해 3가지 성분이 최적화된 농도야말로 소비자들이 최대한의 즐거움을 느낄 수 있다고 보았다. 이것은 반응표면분석법에 의하여 최적화된 포인트를 찾는 것인데 3차원의 그래프에서 마치 영어의 U자를 거꾸로 놓은 형태에서 가장 높은 점에 해당하는 각각의 농도를 찾아내는 방식이다. 이 방법은 여러 분야에서도 최적화를 하기 위해 개발된 모델 기법(그림 1)으로 식품 분야에서도 유용하게 사용되고 있다.

　물론 식품에 따라 3가지 이상의 맛을 좌우하는 성분들이 관여할 수 있다. 일반적으로 표현하는 5가지의 맛 외에도 매운맛, 떫은맛, 다양한 조직감도 구성요소로 선택할 수가 있다. 이런 경우에도 이와 유사한 접근 방법으로 영향을 가장 많이 주는 3가지 성분을 선택하여 이들의 지복점을 찾아내어 활용한다.

　크래프트, 코카콜라, 켈로그, 네슬레, 카프리 선 등 미국의 대표적인 가공식품 기업들이 지난 반세기 동안 바로 이 지복점을 토대로 전세계 가정의 식탁을 지배하여 왔다고 본다. 사람들이 가장 만족해하

174　　　　　　　　　　　　　　　　　　　　　단맛 음식의 원리

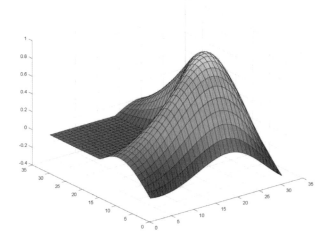

· 그림 1 · 반응표면분석법을 이용한 최적화된 포인트를 찾기 위한 3차원의 그래프

(출처 : www.usf.edu/marine-science/research/matlab-resources)

는 성분의 농도를 토대로 소비자들이 너무나 좋아서 거의 중독될 정도까지 도달한 맛을 발굴하였다. 하지만 식품제조업체의 노력만으로 안 되는 일은 얼마큼을 섭취할 때 효과가 있는지 먹는 양이 문제다. 이런 모델에서 적정량을 먹었을 때는 만족할 만한 효과가 나타나지만 무한정 많이 먹을 때는 적용되지 않을 수 있기 때문이다. 맛이 있으면 소비자들은 만족감을 극대화하고자 상당히 많은 양을 선택하는데 이렇게 되면 질병이 발생하는 원인이 되고 만다.

따라서 식품제조업체들은 점차 전략을 수정하였다. 우리나라의 네슬레 코리아는 수입, 판매 중인 모든 제품에 대해 당류 저감화 프로젝트를 가동해 2000년부터 2010년 사이 생산 중인 모든 식품군에서 평균 34%의 설탕 사용량의 저감화를 달성했다. 아울러 2014년부터 2016년까지 10%의 추가적인 당류 저감화 목표를 추진한 바 있다. 그리고 네슬레 파키스탄은 최근 무설탕 무지방 요구르트를 출시하기도 하였다. 펩시콜라도 2010년부터 2020년까지 설탕의 25% 저감화를 하였으며 세계적인 식품 회사별로 각기 나트륨의 저감화와 함께 당의 저감화 등의 캠페인을 펼쳐오고 있다. 당의 저감화는 이미 세계적인 추세가 되었고 국내 식품업체들도 나트륨의 저감화와 함께 많은 기업체들이 이를 실행에 옮기고 있다. 그러나 익숙해진 맛을 어느 한순간에 바꾸는 것은 소비자들조차 받아들이기가 매우 어렵다. IMF 시절 많은 사람이 어려운 환경에 놓였을 때 가장 힘든 부분이 우리가 느끼는 오감의 수준이 너무 높이 올라 보다 낮은 곳으로 내려와야 하는데 이것을 감당하기가 어려웠다. 그중에서도 미각의 수준이 높아져 웬만한 것을 먹지 않으면 맛이 없어서 먹기가 어려운데 먹어야 한다는 점이었다. 맛이나 향은 짧은 시간 내에 적응하기가 어려운 부분이다. 따라서 점진적으로 단맛의 정도를 낮추어 가는 데에 익숙해질 수 있도록 유도하는 것이 중요하다. 핀란드에서는 나트륨 저감화를 위해 식품산업체, 언론계, 소비자단체가 협동으로 온 국민이 거의 30년에 걸쳐 점진적으로 점차 줄여나가는 정책을 펼쳐 성공한 바 있다.

단맛 음식의 원리

지복점은 개인마다 차이가 있을 수 있으며 같은 사람이라도 시간이 지남에 따라 달라질 수도 있다. 보편적으로 생각해보면 지복점이란 매우 효과적인 접근 방법 중 하나이다. 미국의 어느 파스타 소스를 취급하는 식품회사가 소비자의 심리를 잘 아는 전문가에게 의뢰하여 자기 회사제품의 지복점을 찾아달라는 연구과제를 주었다. 요청 내용 중에는 3가지 맛을 바탕으로 지복점(그림 2)을 찾아 하나의 제품을 선발하는 것이 아니라 다양한 맛을 가지는 45개의 파스타 소스를 만들어 달라는 좀 무리한 요청을 하였다. 소비자의 심리를 파악한 전문가는 매운맛, 신맛, 단맛, 짠맛, 감칠맛 등이 잘 조화를 이루는 유사

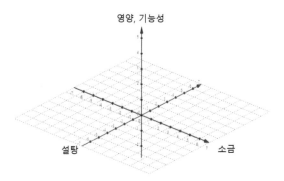

• 그림 2 • 식품 성분 외에 3가지 요소로 지복점을 찾으려고 고려할 경우의 예

한 배합비 45개의 지복점을 갖는 소스들을 보고하였다. 이런 결과 보고에 대하여 소스 회사 사장은 "세상에 완벽한 파스타 소스는 없다. 다만 다양한 소스가 있을 뿐이다"라고 생각하고는 45가지의 소스 모두를 시장에 내놓았는데 놀랍게도 시장 점유율이 꼴찌였던 이 회사가 갑자기 1등을 차지하는 놀라운 일이 일어났다. 식품제조업체 입장에서는 소비자들의 트렌드 변화를 읽고 새로운 신제품을 만들어 내기 위해서 끊임없이 새로운 지복점을 찾아내는 노력을 해야 한다. 또 다양한 제품을 만들어 내기 위해서 맛 이외에도 영양학적인 면이나 기능성 측면에서도 고려가 될 수 있는 요인을 바탕으로 한 새로운 형태의 지복점을 찾는 노력도 게을리해서는 안 된다. 그래야 비로소 소비자들이 만족할 수 있는 최고 품질의 신제품을 공급할 수가 있다.

단맛 음식의 원리

단맛 대체하는
물질들

'비만의 친구' 설탕의 대체 감미료에는 무엇이 있나?

알룰로스-아라비노스-자일로스-펩티드

설탕과 같은 당류의 지나친 섭취가 비만과 당뇨 등의 질환에 영향을 미치는 것으로 알려지면서 설탕의 섭취를 가급적 줄여나가려고 소비자는 물론 식품산업체에서도 노력을 하고 있다. 단맛을 내지만 당뇨나 비만 문제에는 영향을 낮출 수 있는 대체 감미료를 찾는 손길이 증가하고 있다.

식품산업통계정보에 따르면 설탕 시장 규모는 계속해서 감소하고 있다가 최근 백종원 신드롬에 의해 설탕 소비가 다소 증가되기도 하였지만 전반적으로 우리나라에서도 감소하는 추세를 보이고 있다. 설탕을 대체할 수 있는 감미료 시장은 지속적으로 성장해 2016년에 비하여 2020년에는 50% 이상 증가하였는데, 그중 하나가 알룰로스다. 본래 건포도나 무화과, 밀 등 자연계에 미량으로 존재하는 당 성분인데 설탕에 가까운 깔끔하고 자연스러운 단맛을 내면서도 칼로리는 거의 없다. 뿐만 아니라 소장에서의 지방 흡수를 감소시키고 체지방 산화를 증가시켜 체지방의 감량 효율을 높여준다. 이런 대체 감미료를 제조하기 위한 접근 방법에는 어떤 것들이 있을까?

알룰로스나 타가토스처럼 자연에 존재하기는 하나 그 생산량이 매우 적은 경우 식물체를 재배하여 확보하는 방법은 비효율적이다. 이보다는 미생물을 이용하여 생물공학적 제조 방법을 이용하는 것이 바람직하다. 미생물은 얼마든지 조절하여 증식시킬 수가 있어 미생물로 하여금 우리가 원하는 당류를 제조하도록 유도하는 방법이다. 미생물이 만들어 내놓는 여러 효소들에 의하여 복잡한 여러 단계를 거치면 원하는 당류를 생산할 수 있다. 원하는 당류 이외의 미생물이 생산해낸 다른 부산물들은 분리, 정제를 하여야 한다. 화학적인 방법을 사용하는 것보다 안전하게 생산할 수가 있지만 이런 생물학적 제조 방법에 사용하는 적절한 미생물을 확보하는 일은 어려운 작업이다.

만일 핵심이 되는 공정에 관여하는 효소 하나를 선택적으로 이용하는 방법을 선택할 수 있다면 복잡한 분리 공정이 생략되고 단순한 과

단맛 음식의 원리

정을 거치므로 가성비를 높일 수 있다. 미생물이나 효소를 확보하기가 매우 어려운 경우 유전공학적인 방법을 이용하여 유전자재조합된 미생물을 만들어 대체감미료 제조에 활용되는 방법을 선택하면 된다.

이외에 설탕이 체내에서 흡수되어 문제를 일으킨다면 섭취한 설탕의 소화흡수를 방해함으로써 설탕 섭취량을 줄이는 전략을 사용할 수도 있다. 설탕은 이자 및 십이지장에서 분비되는 소화효소인 수크레이스(Sucrase) 또는 α-글루코시데이스(Glucosidase)에 의해 포도당과 과당으로 분해된 후 소장을 통해 혈액으로 흡수되어 영양분으로 이용된다. 만약 설탕가수분해효소가 제 기능을 하지 못한다면 설탕은 분해되지 않은 채 배설될 수가 있다. 세포 내 리소좀 안에서 글리코겐을 분해하는데 작용하는 효소인 α-1, 4-glucosidase가 결핍하여 리소좀 내부에 글리코겐이 축적되면서 발생하는 Pompe 병 환자의 유전자에 이상이 있어 야기되는 설탕 섭취 장애처럼 설탕을 분해하지 못하도록 유도하면 설탕을 덜 먹은 효과를 보여준다. 이런 아이디어를 활용하여 글루코바이 같은 혈당 상승 억제용 의약품이 개발되어 사용 중에 있다. 이것은 포도당 4개 분자가 결합한 당류인 아카보스(Acarbose)가 주성분으로 보통 당류가 혈당 상승의 억제용 의약품으로 활용되고 있는 예이다.

이와 비슷한 개념으로 아라비노스와 자일로스는 탄소가 5개로 구성된 5탄당인데 식물의 섬유질에는 다량 포함되어 있다. 이들 당류를 설탕과 함께 먹으면 설탕분해효소에 결합하게 되는데, 이때 아라비노스

또는 자일로스가 설탕분해효소와 떨어지지 않기 때문에 효소활성을 억제하여 설탕의 분해를 방해한다. 아라비노스는 설탕에 약 3% 정도 첨가되었을 경우 혈당 상승이 50% 정도 억제되며 자일로스는 설탕의 약 10% 정도 첨가되었을 때 50% 정도의 억제 효과를 기대할 수 있다. 설탕에 아라비노스나 자일로스를 섞어 섭취할 경우 단맛은 그대로 느낄 수 있지만 설탕이 잘 흡수되지 않아 혈당 상승이 낮아지는 효과를 가져온다. 탄수화물이 아니면서도 단맛을 지닌 단백질들이 있다. 다양한 단백질 식품 소스에서 추출한 달콤한 디펩티드나 트리펩티드가 감각적 특성을 손상시키지 않으면서 단맛을 강화할 수 있다. 달콤한 펩타이드는 미뢰의 단맛 수용체 T1R2 및 T1R3과 결합하여 단맛 인식을 자극할 수 있으며, 이는 설탕 소비를 줄이는 효과적인 전략이다. 현재 단맛을 지닌 펩티드(peptide)는 주로 합성을 하거나, 효소에 의한 가수분해 방법을 통하거나, 미생물 발효 및 생명공학 전략을 통해 인공적으로 제조한다. 생산된 산물의 감각 평가는 전자혀를 사용하여 비교 분석할 수 있다.

설탕과 결합하는 단맛의 미각 수용체와 구조적으로 유사한 물질을 화학적으로 합성하는 방법으로 인공감미료를 만들었다. 그런데 재미있는 것은 단맛 대체제를 찾으려고 노력한 것은 아니고 다른 물질을 찾다가 우연히 발견하게 된 경우들이 여러 경우가 있는데 사카린, 사이클라메이트 등의 발견이 바로 그런 경우이다.

4 고감미료의 발견

설탕 당도 300배의 사카린은 어떻게 발견했나?

칼로리 없이 몸 밖으로 배출되는 단맛

1879년 존스 홉킨스대 교수 우연히 발견

단맛이 매우 강한 고감미료를 찾아내는 방법은 두 가지로 나누는데 그중 하나는 식물체에서 추출하는 방법이고 다른 하나는 화학적으로 구조가 유사한 물질을 합성하여 얻어내는 방법이 있다. 화학적으로 합성한 물질의 경우 과연 인간에게 해를 미치지 않을까 하는 두려움 때문에 인체에 안전한지 여부를 검토한다.

사람들이 아프거나 여러 질병을 앓게 되면서 어떤 것을 먹으면 이런 고통으로부터 해방될 수 있을까! 초기에는 자연에서 존재하는 식품에서 약이 되는 것을 찾았다. 식품 속에 존재하는 어떤 성분이 그러한 역할을 하는가를 찾아낸 다음 이 물질을 대량으로 생산하는 방안을 모색하게 되었다. 그러나 이러한 물질을 자연에서 찾는 것이 너무나 어려워 해당 물질과 구조적으로 유사한 것 중에서 같은 효과를 가진 것을 찾으려 하였다. 많은 과학자들이 이러한 물질을 화학적 합성을 통해 찾던 중 생각지도 못한 엉뚱한 상황에서 단맛 물질을 찾았던 예를 소개하고자 한다.

사카린은 1879년 2월, 존스 홉킨스대 아이라 렘슨 교수와 제자 콘스탄틴 팔베르크에 의해 우연히 발견됐다. 팔베르크는 타르에 포함된 화학물질의 산화 반응을 연구하던 중 하루는 실험하고 난 후 손을 씻지 않은 채 빵을 먹다가 유난히도 빵이 단맛을 지니고 있다는 것을 알게 되었다. 처음에는 빵 자체가 달다고 생각하였으나 나중에 손을 깨끗이 씻고 같은 종류의 빵을 먹었을 때는 그와 같은 단맛을 느끼지 못하였다.

'혹시 실험실에서 연구 중 생성된 물질이 영향을 미친 탓이 아닐까!' 하는 생각을 하고 어떤 물질이 영향을 미쳤는지 확인을 해 보았더니 단맛을 제공해 주었던 물질이 사카린(나중에 명명함)이라는 사실을 알아냈다. 당도가 설탕의 300배나 되는 사카린은 칼로리를 내지 않고 몸 밖으로 배출된다는 장점으로 인해 다이어트나 당뇨 식품 등에 널리 사용하게 되었다. 고감미료를 찾으려고 나선 여정은 아니었지만 연구를 하다가 전혀 다른 물질에 흥미를 갖게 되어 발견한 것이다.

한때 '공포의 백색 가루'라는 누명을 뒤집어썼지만 세계보건기구 (WHO)가 1993년 다양한 연구 결과를 바탕으로 사카린을 인체에 안전한 감미료라는 결론을 내렸으며 국제암연구소도 사카린의 분류를 '인체 발암성이 없는 물질'을 뜻하는 '3군'으로 바꾸었다. 우리나라의 식품의약품안전처도 사카린의 사용범위를 어린이 기호식품까지 허용해 사카린을 복권시켜 주었다.

사이클라메이트, 설탕의 30~40배 당도
1937년 해열제 개발 중 발견한 단맛 물질

사이클라메이트 경우는 1937년 해열제를 합성하기 위하여 만드는 실험 중 미국 일리노이 대학원생 마이클 스베다가 실험실에서 해서는 안 되는 일을 저지르고 말았다. 화학합성을 하는 실험실에서는 여러 인화 물질들이 있기 때문에 담배를 피우면 화재를 일으킬 위험이 있다. 따라서 절대 금연을 유지해야 하는데 실험을 하다 보면 실험이 뜻대로 잘 안 풀릴 때가 있다. 마음을 가다듬으려고 무심코 담배를 피웠던 것이다. 다음 과정을 이어 가기 위해 잠시 실험대 위에 담배를 놓았다가 얼마 후 다시 담배를 입으로 가져가 입에 물린 순간 담배 맛이 너무 좋았다. 이제까지 피워 본 담배 중 아마도 최고의 맛이었을 것이다. 처음에는 그 이유를 몰랐다. 그냥 몸 컨디션에 따라 담배 맛이 좋을 때가 있는데 그런 줄 알았다.

나중에 실험실에서 피어서는 안 된다는 사실을 알고는 얼른 끄고는 밖으로 나와서 다시 담배를 하나 피웠지만 그 맛이 조금 전에 느꼈던 감미로운 맛이 아니었다. 자신의 '몸 컨디션 때문에 담배 맛이 좋았다는 것이 아니라면 혹시 그 원인이 실험실 안에 있을까?'라고 생각한 후 다시 실험실에 돌아가 담배를 피워 보았지만 역시 그 맛이 아니었다. 곰곰이 생각하다가 담배 맛이 좋았을 때를 연상하다가 실험대 위에 담배를 놓았던 기억이 떠올라 이를 반복해 보았더니 역시 담배 맛이 너무 좋았다. 해열제 합성을 위해 만들어 보았던 시료가 실험대 위에 묻어 있었고 그것이 담배에 묻어 단맛을 제공하였던 것이다.

우연하게 감미로운 맛을 발견한 순간은 바로 해열제를 개발하다가 엉뚱하게도 인공감미료 사이클라메이트를 발견한 것이다. 예상치도 못한 횡재를 한 그는 재빨리 사이클라메이트 제조에 관한 특허를 등록하고 난 후 듀퐁사에 이 기술을 팔았다. 1950년에는 신약 허가를 제출하고 연구를 하고 있던 애보트 실험실을 찾아가 자신이 발견한 이 신비로운 물질을 그에게 팔았다. 애보트는 마침 항생제나 페노바르비탈 같은 약의 쓴맛을 줄일 목적으로 설탕보다 강력한 단맛을 지닌 물질이 필요하였다. 사이클라메이트는 이런 문제를 해결하기에 안성맞

춤이었다. 사이클라메이트는 설탕보다 30~50배 더 단 편이며 불쾌한 뒷맛을 가지고 있으나 사카린보다도 뒷맛이 약한 편이었다. 이와 같은 특성으로 인해 사이클라메이트와 사카린을 10:1 혼합하여 이들 두 감미료의 뒷맛을 상쇄시켜 사용하였다. 이후 발견된 수크랄로스보다도 가격이 저렴하며 열에도 안정적이다.

이후 사이클라메이트는 콜라 음료에 설탕의 양을 줄일 목적으로 활용되기도 하였지만 1970년 1월부터 발암물질임이 드러나 사이클라메이트를 함유한 코가콜라, 펩시콜라, 로열크라운콜라 등 음료의 시판을 중지하였다. 동물실험결과 발암물질임이 확인되었으나 인체에 암을 일으키게 만드는 증거는 찾지 못했으며 음료 및 식품에 포함된 사이클라메이트는 아주 낮은 농도의 수준으로는 인체에 해를 끼칠 정도는 아니지만 과학자들의 조언에 따라 시판을 금지한 바 있다.

미국의 보건 및 과학문제 담당 부차관보 제시 슈타인필드 박사는 쥐에 대한 실험결과 쥐의 전 생애에 걸쳐 사이클라메이트를 주사할 정도의 많은 양이라야 암이 발생하는 것을 발견하였고 미국과학원 및 세계보건기구가 성인의 음식 섭취량으로 제안한 최대용량보다 50배나 많은 양을 섭취해야 암에 걸릴 정도로 여전히 안전함을 밝혀내었음에도 불구하고 미국에서는 사용이 금지되고 있고 다른 나라에서는 허용이 되고 있다. 먹어서 체내 흡수되는 식품이 아니라 몸 밖으로 내뱉는 담배 제품 등에 활용이 되기도 한다.

과학의 발견은 처음에 의도한 방향으로 꼭 이루어지는 것은 아니다. 전혀 예상치도 못한 상황에서 뜻밖의 횡재를 하기도 한다. 중요한 것은 사소한 것에서 그러한 발견을 찾아내는 예리한 관찰력이다. 왜 밖에서 핀 담배에서는 그런 맛을 느끼지 못하였을까! 어떤 물질이 이런 단맛을 내는 데에 관여하였을까! 이런 호기심과 추측, 그리고 예상되는 현상을 추적해 나가는 과정이 새로운 물질을 찾아내는 데 결정적인 역할을 한 것이다.

케미컬포비아의 사례…사이클라메이트
미국은 사용 금지—세계 55개국은 사용 허가
미국, 허용하면 엄청난 후폭풍 걱정에 사용 금지

사이클라메이트는 1958년 미국 GRAS(generally recognized as safe) 로 지정되어 안전하다고 인정된 식품보조물로 코카콜라와 펩시콜라 등에도 설탕 대신에 활용되었다. 뿐만 아니라 당뇨병환자들을 위한 정제 형태 또는 액체 형태의 대체 식탁 감미료로 시판되었다. 하지만 사이클라메이트가 분해되는 과정에서 만성독성을 일으키는 의심 물질의 하나인 사이클로헥실아민을 생성한다는 동물실험 보고가 1966 년 발표되었다. 일반적으로 사용되는 사이클라메이트와 사카린의 10:1 혼합물이 동물쥐 실험에서 방광암 발생을 증가시킨다는 것이 알려져 사카린과 함께 곤욕을 치렀는데 이로 인해 미국 FDA는 미국 내에서 사용을 금지시켰다.

신약 개발을 하던 애보트는 그렇지 않다고 생각하였다. 그는 1969년에 발표된 방광암 실험과 똑같은 상태에서 동일한 실험을 몇 번이고 해 보았지만 FDA와 같은 결과를 얻을 수 없었다. 이에 1969년에 발표된 보고가 석연치 않다는 점을 강조하며 사이클라메이트 금지를 해제시켜줄 것을 요청하는 청원서를 미국 FDA에 제출했으나 거절당하고 말았다. 다이어트 식품산업을 대표하는 정치적 로비단체와 함께 두 번째 청원서를 1982년 제출하여 FDA가 제시한 모든 실험에서 사이클라메이트가 발암물질을 포함하고 있지 않다고 발표하였지만 미국에서 식품에 사용하는 것은 여전히 금지하고 있다.

한편 미국 FDA나 우리나라의 식약청의 경우 한번 잘못 판단을 내린 사항에 대하여 어떤 일이 있어도 자신들의 실수를 인정하려 하지 않는 경향이 있다. 아마도 이런 요청에 대하여 재실험을 하고 재인정을 하게 되면 엄청난 건수의 재심 요청이 들어와 도저히 본래의 업무를 수행할 수 없게 될 것이라고 예상을 하여 예기치 못한 파장을 애시당초 무시해 버리는 것이 낫다고 보기 때문인 것으로 여겨진다.

일반적으로 좋다거나 긍정적인 효과를 가져오는 물질이라는 것을 실험하여 결과를 발표할 적에는 나름 객관성을 띄어야 한다. 한쪽의 측면에서만 바라보면 안 되는 일이다. 사이클라메이트에 대한 논란은 끝이질 않고 있으며 나라마다 식품에 대한 기준이 차이가 있어 현재 CODEX, EU, 호주, 뉴질랜드, 중국 등 55개국에서는 여전히 이를 사용해도 된다고 인정하고 있다. 이런 과정에서 소비자들에게는 한번 각인된 부정적인 이미지가 쉽게 바로 잡혀지지 않는다. 화학적 합성에 대한 불신감이 남아 있는 것도 마찬가지다. 이러한 사실을 증명할 동물실험 또한 상당한 시간이 걸리므로 소비자들이 기피하는 상황은 오랜 기간에 걸쳐 계속되며 후일 시간이 지나 동물실험결과 걱정을 하지 않아도 되는 무혐의 상황이 나오더라도 화학적으로 합성하는 원료에 대한 무조건적인 기피 현상은 좀처럼 가시질 않는다. 그런 이유가 상품화 단계에서 부딪히는 어려움 중 하나이다.

실제로 독성이 강한 식품첨가물들은 식용으로 당연히 허용이 되지 않고 있으며 식품첨가물로 활용되는 것은 독성이 낮은 것 중에서 인체에 해가 미치지 않는 것으로 안전한 농도 범위 내에서만 허용을 하고 있다. 사카린을 비롯한 인공감미료로 허용이 된 것들은 강한 단맛을 가지고 있지만 또 한편으로는 독성을 가지고 있어 낮은 농도로 사용할 경우 인체에는 해가 되지 않는 것이 사실이다. 현재 제한된 농도 범위에서 식품첨가물로 허용을 하고 있으나 소비자들은 이미 안 좋다는 선입관이 머릿속에 박혀 있어 '독성물질이 있느냐 없느냐'에만 관심을 가지고 있지 그 양이 적어서 인체에 무해하다고 하는 사실에 비중을 두고 있지 않기 때문에 사용상에 많은 어려움이 있다. 따라서 상품화가 된다고 하더라도 이런 물질이 부담 없이 즐겨 사용하기까지 보편화되기에는 오랜 시간이 걸릴 듯하다.

고감미료의 활용 방안

5

감미 지속 위한 보정, 에리스리톨

두 세가지 감미물질을 혼합해 단점 보완

감미가 다르고 감미 지속기간이 다른 것들을 함께 사용하기에는 농도 조절 등의 어려움이 많아 여러 번의 시행착오를 거쳐서 적절한 혼합비율을 설정할 수가 있다. 하지만 어떤 것들과 혼합하는 것이 바람직한가를 설정하고자 할 때에는 각기 다른 감미를 갖는 물질의 최고 강도를 서로 같은 수준이라고 보정(normalization)하여 비교, 선택하는 것이 바람직하다. 〈그림 3〉에서 보면 아세설팜 K나 에리스리톨의 경우 설탕에 비하여 감미의 지속시간이 상당히 짧다. 이것은 입안에서

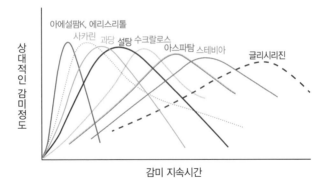

상대적인 감미정도

아에설팜K, 에리스리톨
사카린 과당 설탕 수크랄로스
아스파탐 스테비아
글리시리진

감미 지속시간

· 그림 3 · 각 감미료의 보정된 감미의 강도 지속시간

(출처 : 최낙언 2022)

단맛의 느낌이 상대적으로 빠르게 사라진다는 것을 의미한다. 반면 글리시리진은 한약재나 담배의 단맛을 증가할 목적으로도 사용하는 것으로 감초의 주성분인데 단맛이 서서히 나타나고 오래 지속되는 특성이 있다. 이처럼 감미의 지속시간은 감미 물질마다 차이가 있어 가급적 감미 지속시간이 긴 것과 짧은 것을 함께 사용하는 것이 바람직하다. 한편 뒷맛이 좀 남아 선택하기에 어려운 경우 설탕을 함께 사용하여 이와 같은 뒷맛을 느끼지 못하도록 마스킹을 시켜 주는 것이 바람직하다.

사카린의 경우 설탕에 비하여 감미의 강도 지속 시간은 짧으면서도 뒷맛으로 쓴맛이 남아 있기에 쓴맛을 느끼기 시작하려 할 때 설탕이 함께 존재한다면 설탕의 단맛 지속성으로 쓴맛을 마스킹할 수가 있

단맛 음식의 원리

다. 그리되면 쓴맛을 느끼기도 전에 설탕의 단맛이 지속되기 때문에 전체적인 맛에서 사카린의 첨가에도 불구하고 뒷맛이 남지 않아 신제품을 개발할 때 이 두 가지 감미 물질을 함께 사용하는 것이 바람직하다.

이와 같은 접근 방법은 사카린 한 가지만을 사용할 때의 단점을 극복할 수가 있다. 따라서 한 가지의 감미 물질을 첨가하기보다는 두 가지 혹은 세 가지 등의 감미 물질을 혼합하여 사용하면 감미료들이 가지고 있는 각각의 단점을 보완할 수 있다. 이와 같은 방식으로 고감미료들을 사용할 때 많이 활용되는 것이 에리스리톨이다. 에리스리톨은 특별히 여러 맛을 조화시켜주는 역할을 한다.

6 당알코올은 술인가?

당알코올, 당분자에 수소 첨가한 당유도체
단맛이지만 체내 흡수는 늦고 청량감 효과

당알코올은 포도당 등 당분자에 수소가 첨가되어 환원이 된 당유도체이다. 미생물에 의해서도 만들어질 수 있고 금속 촉매하에 수소 첨가반응을 통해서 공업적으로도 얻을 수 있다. 소르비톨은 포도당에 수소가 첨가된 것으로 단맛은 설탕의 단맛에 반 정도로 단맛은 강하지 않다. 그러나 그 맛은 상쾌하다. 상쾌하다는 것은 청량감을 가진다는 말인데 이는 고체 형태의 당알코올이 액상으로 녹으면서 주변으로부터 열을 빼앗아 가버리는 현상이 일어난다. 일종의 흡열반응으로

단맛 음식의 원리

입안의 열을 빼앗아 가니 자연 시원하게 느껴진다.

혓바닥에는 미각 수용체도 있지만 온도를 감지하는 온도수용체도 있다. 매운 음식을 먹었을 때 입안에서는 불이 나는 것처럼 화끈거리는데 매운맛은 온도수용체와 통증수용체가 이를 알려주는 것이다. 따라서 매운맛은 일종의 통증의 맛이다. 당알코올의 경우 열을 빼앗아 가는 정도를 온도수용체가 인지를 하게 되는데 바로 청량감을 느끼는 듯한 시원함을 감지한다.

당알코올들은 대체로 단맛은 가지고 있지만 체내에서 흡수가 매우 느린 탓에 혈당이 급격하게 상승하지 않아 당뇨병 환자들을 위한 감미료로 쓰이기도 하며 설탕의 60~70% 정도의 칼로리를 생성하므로 식품의 감미료로 활용이 되고 있다.

소르비톨의 경우 이를 이용하여 비타민C를 만들고 계면활성제로의 원료로도 활용이 될 뿐만 아니라 수분을 잡아주는 역할을 하기 때문에 습윤조절제로 활용할 수 있다. 습윤조절제는 미생물들이 잘 자라기 어려운 수분활성도를 유도하여 음식이 상할 가능성을 최소화하면서 아울러 씹는 조직감은 수분을 적절하게 포함할 수 있어 텁텁하지도 않고 부드럽게 먹을 수 있다. 예를 들면 밥은 여름철 쉽게 쉬는데 밥에다가 흑설탕을 첨가하여 약식을 만들면 약식은 여름철에도 쉽게 쉬지를 않아 저장성을 연장해 주는 효과를 보인다. 물론 소르비톨을 사용하면 좋겠지만 그 대신 흑설탕을 사용해도 무방하다. 수분활성도를 조절하면 건조식품을 먹을 때 텁텁하지 않으면서도 저장성을 유지

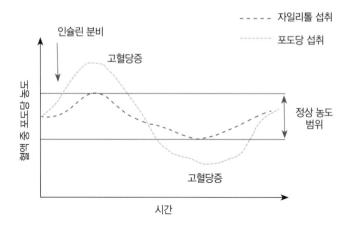

인슐린 분비

- - - - 자일리톨 섭취

------ 포도당 섭취

고혈당증

혈액 중 포도당 농도

정상 농도 범위

고혈당증

시간

· 그림 4 · 혈액 중 포도당 농도에 영향을 받는 포도당과 자일리톨의 농도 차이

(출처 : Dziezak, 1986)

할 수가 있어 우주식품을 개발하는 데 활용되었던 기술이다. 우주에
서는 미생물 때문에 음식이 상하면 곤란하다. 그렇다고 저장안전성을
위해 너무 건조하면 입천장 안에 들러붙어 먹기에 곤란한 점이 있다.
우리 조상들은 인공위성을 띄우기도 전에 이미 이런 우주식품의 원리
를 제안할 정도였으니 정말로 대단하다.

　자일리톨은 자작나무 펄프에 미생물을 이용하거나 혹은 자일로스
에 화학적인 수소첨가 방법을 통해 만들 수가 있다. 자일리톨의 단맛
은 설탕과 비슷하나 설탕에 비하여 입안에서 단맛을 느낄 수 있는 시
간은 설탕에 비하여 약간 짧은 편이다. 그러나 자일리톨이 입안에서
녹으면서 고체가 액체로 상의 변화가 일어날 때 입안의 열을 빼앗아

　　　　　　　　　　　　　　　　　　　　　단맛 음식의 원리

갈 수 있어 시원한 청량감을 제공해준다. 소르비톨과 마찬가지로 g당 2.4 kcal의 열량을 내므로 저칼로리 식품원료로 가능하다. 체내에서의 여러 대사 과정을 거쳐 분해되면서 일정량의 에너지가 만들어지지만 그 반응이 오래 걸리는 탓에 소르비톨과 마찬가지로 혈당이 빠르게 올라가지 못하므로 당뇨환자들에게 유용하다. 설탕에 비하여 인슐린의 분비 정도가 급격하게 증감되지 않기 때문에 단맛을 느껴보고 싶은 당뇨환자들에게는 반가운 존재다. 〈그림 4〉에서 보는 바와 같이 고혈당증이 있는 사람에게는 포도당 섭취가 급격한 혈당 변화를 가져와 위험해질 수 있는 데 반하여 자일리톨을 섭취하면 혈당의 변화가 비교적 완만하게 변화하여 혈당 수치를 정상적인 농도 범위에서 잘 유지해 준다.

단맛은 미생물 영양분
자일리톨 많이 섭취, 장 수분 탈취로 설사

당알코올 중 하나인 에리스리톨은 에리스로스에 수소가 첨가된 것으로 단맛은 설탕의 60~70% 정도로 덜 단편이지만 칼로리는 제로 칼로리(0~0.4kcal)를 나타낸다. 단맛은 인간에게만 좋은 여건을 제공하는 것이 아니라 미생물에게도 그들이 살아 나가는 데 필요한 영양분으로 이용된다. 자일리톨 껌이 충치 예방에 효과적이라는 것이 과학적으로 입증되어 전 세계적으로 이용되고 있지만 이를 너무 많이 섭취하면 장에서 수분 탈취가 일어나 설사를 유발한다. 일체의 대사에 의한 분해가 이루어지지 않아 다이어트 음료(제로 칼로리) 등의 개발에 활용이 되며 당뇨환자용 음료 등에 첨가된다. 당뇨 환자들의 욕망은 달달한 음식을 마음껏 먹어 보았으면 하는 것인데 이런 경우 전혀 달지 않은 밋밋한 음식에 제로(0) 칼로리의 에리스리톨을 첨가하여 먹으면 달달하여 커다란 기쁨을 느낀다.

음료를 개발하는 과정에서 단맛이 수백 배씩이나 되는 고감미료를 사용하면 설탕의 양을 줄일 수 있어 원가절감의 효과가 크지만 뒷맛이 남아 개운하지가 못하고 씁쓸한 맛이 나는데 에리스리톨과 함께 고감미료를 혼합하여 사용하면 훨씬 단맛이 부드러워지는 느낌을 제공한다. 하지만 이것도 지나치게 많이 섭취하면 장내 삼투압에 의해서 설사를 유발한다. 일본의 한 음료 회사가 에리스리톨이 포함된 제품을 출시했다가 제품을 마시고 설사를 유발하였다는 뉴스가 TV를 통해 보도되자 많은 소비자들이 너도나도 에리스리톨이 함유된 음료를 마시러 편의점으로 달려갔다. 이들이 그렇게 한 이유는 인위적으로 설사를 유발한 후 이를 빌미로 제조물책임법으로 제조회사를 고소하고 손해배상을 요청하기 위함이었다. 막대한 손해배상을 집단으로 제조회사에 요구하는 바람에 해당 회사는 수많은 사람들에게 손해배상을 물어 주다가 결국 회사 문을 닫고 말았다. 이런 실수를 유발하

단맛 음식의 원리

게 된 요인은 포장지에 '본 제품을 과다하게 섭취하는 경우 설사를 유발할 수도 있으니 3개 이상의 제품을 한 번에 드시지 마십시오'란 문구를 삽입하지 않아서 발생하였다. 식품원료들 중에는 장점을 가지고 있지만 경우에 따라서는 단점으로 작용할 수도 있다는 점을 명심해야 한다.

락티톨은 젖당에 수소가 첨가된 당알코올로 칼로리가 낮아 많이 먹는다 하더라도 살이 잘 찌지 않는 특징이 있어 다이어트용 초콜릿 제조에도 이용된다. 일반적으로 초콜릿 제조에는 설탕이 많이 포함되는데 다이어트를 하는 사람들에게는 호감을 갖기 어려운 결점이 있다. 설탕 대신에 락티톨과 같은 당알코올을 이용하여 만들면 저칼로리용 초콜릿을 만들 수가 있어 살이 찔 염려를 하지 않고 초콜릿의 맛을 즐길 수가 있다. 대학축제 기간 중에 시험용으로 락티톨을 사용하여 초콜릿을 제조하여 보았는데 가장 인기 있는 품목으로 순식간에 매진되고 말았던 적이 있다. 그만큼 여대생들에게 최고의 다이어트 식품이었다.

고감미료가 갖고 있는 단점을 보완하고자 한다면 당알코올을 함께 사용함으로써 단점들은 상쇄시키고 여러 종류의 당류들을 단독으로 사용하기보다는 혼합하여 사용하는 것이 맛뿐만 아니라 단맛의 지속 시간이나 조직감과 같은 면에서 장점들만 드러나 바람직하다.

7

설탕을 꼭
사용하는 이유

설탕의 '조직감 매력' 대체 가능할까?

비만의 저주 물질 소비 줄이는 것이 우선

설탕을 줄이려고 할 때 가장 크게 부딪히는 면은 맛이다. 그동안 당 알코올류, 올리고당, 고감미료 등 다양한 대체소재가 개발되었지만, 이들은 단맛이 기존 설탕과 비교하여 단맛의 지속시간이 차이가 있거나 단맛의 세기 및 입안에서 느끼는 조직감 등에서 차이가 있어 이를 대체하기가 힘들었다. 설탕의 단맛은 섭취 후 입안에 머무는 시간에 따라 달라지며(그림 5), 감미도는 온도에 따라 차이가 있다. 과당 역시 온도에 따른 감미도 변화는 설탕보다 더 심해서 설탕의 최소 80% 수

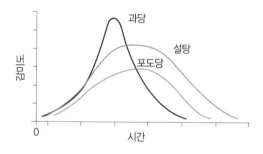

· 그림 5 · 설탕과 그 분해물의 시간에 따른 감미도의 변화

(출처 : Shallenberger, 1993)

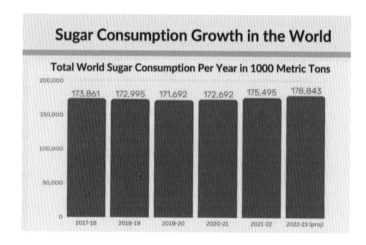

· 그림 6 · 전세계 설탕 소비량의 추이

(출처 : Foreign Agricultural Service/USDA Global Market Analysis)

준에서 최대 150%에 이를 정도로 환경 변화에 민감하다.

　이런 당류의 맛 특성 때문에 대체하면 맛이 달라질 수밖에 없고, 소비자들의 선호도가 떨어지는 요인이 되어 설탕을 대체하는 것에 장애 요인이 되어 왔다. 최근 이런 애로 사항을 극복하고 새로운 해결책을 제시하여 줄 수 있는 방법들이 지속적으로 개발되고 있어 주목받고 있다. 세계의 설탕 소비량은 그동안 미미하게나마 감소하다가 코로나 19 이후 다시 증가하는 추세다(그림 6). 설탕의 과소비가 증가하고 비만과 당뇨 등 성인병 환자가 숫자가 늘어나게 되는 것이다.

지난 50년간 사카린, 아스파탐 등 대체당이 나왔고 새로운 기술들도 계속 나오고 있지만, 아직까지 이들 시장은 전체 설탕 시장의 12.5%밖에 차지하지 못하고 있는데 많은 사람들이 설탕 사용을 줄이고 싶어 하지만, 일부 국가에서는 각종 규제로 인해 또는 설탕의 탁월한 기능 때문에 설탕 사용량을 줄이지 못하고 있다. 그 이유는 바로 맛의 문제인데 설탕의 맛은 단순히 단맛만이 있는 것이 아니며 설탕이 사용되는 제품이나 음식에서 나타나는 질감 혹은 텍스처와 같은 물성에도 깊이 관련이 되어 있기 때문이다.

이제까지 소개되어 시중에서 판매되어온 대체 감미료는 천연이든 인공이든 설탕의 맛을 모방하려고 하지만 똑같지 않고, 식감도 다르다. 설탕이라는 재료는 음식의 부피와 식감도 더해주는 특성이 있는데, 설탕을 대신하여 사용할 만한 대체재들은 설탕보다 가격이 비싼 경우가 많아서 경제적인 측면에서도 설탕을 줄이는 것이 현실적으로 어려운 실정이다.

그런 가운데 제약회사에서 사용하는 방법 중 하나로 '표적약물 전달(Targeted Drug Delivery)'이라는 기술을 이용하여 설탕이 미각 수용체와의 선택적 결합을 조절하는 방법을 활용하게 되었다. 이 방법은 정상세포와 암세포의 구분 없이 이 방법은 정상세포와 암세포 구분 없이 비특이적으로 체내에 투여함으로써 암세포를 죽이기 위해 시도하는 방법이다. 충분한 양을 종양세포 내에 약물 농도를 주입하면 동시에 종양세포 외에 정상세포에도 미치는 독성으로 환자에게는 막대한 고통과 피해를 가져왔다. 더욱이 몇몇 불수용성 항암제의 경우 약물의 정맥투여에 어려움이 따르고, 약물을 녹이기 위해 사용되는 유기용제에 따른 다양한 부작용이 또한 문제가 되어 이를 해결하고자 분자표적치료(molecular tar-geted therapy)가 소개된 바 있는데 이런 기술이 푸드테크 업체인 이스라엘의 독스매톡사에서 활용됨으로써 제약업계의 연구를 설탕에 적용해 설탕 사용량을 최대 50% 줄여도 동일한 수준의 단맛을 얻을 수 있도록 하는 '인크레도 슈가(Incredo Sugar)'를 만들게 되었다. 인크레도는 설탕 99.8%와 무기물 0.2%로 이루어져 있는데 이 무기물로 설탕을 감싸 미각 수용체에 설탕이 도달할 때까지 설탕이 분해되지 않도록 해 사용되는 설탕의 양에 비해 사람이 단맛을 더 느낄 수 있도록 유도한 제품이다. 이제까지 사카린, 아스파탐 등 대체당이 여러 가지가 있어 왔지만, 인크레도가 설탕 소비를 감소하게 만들어 줄 '게임체인저'가 될 것으로 기대하고 있다. 이런 기술은 미국 켈로그, 이탈리아 제과 업체 페레로(FERRERO), 멕시코 그루포 빔보(Grupo Bimbo) 등과 전략적 협력을 추진하면서 기술적인 솔루션도 개발하고 있는 중이다.

설탕 대체품은 안전한가?

8

상업성 점검 마친 설탕 유사한 천연 감미료

미래의 대체 감미료인 스테비오사이드

식품을 제조하면서 가장 어려운 문제 중 하나는 원가절감과 품질 개선이다. 어떤 성분을 빼내고 가격이 저렴한 다른 성분으로 이를 대체하는 것인데 이것이 참으로 어려운 작업이다. 많은 관심을 가지고 있는 설탕의 경우에도 이를 제거하면 바로 맛이 달라진다. 아마도 첨가되는 성분 중 비교적 많은 부분을 차지하기 때문에 이를 통한 원가절감을 이루고 싶지만 이게 쉽지가 않다. 그렇다고 최근 원가가 오르고 있는 설탕을 지속적으로 사용하는 건 부담이 앞서는 것이다. 식품업

단맛 음식의 원리

체 다수가 설탕의 대체할 만한 감미료 사용을 주저하는 것은 맛과 질감에 있어 설탕 정도의 무난한 것이 없기 때문이다. 대체하고자 하는 고감미료들이 설탕 등의 당류에 비해 맛이 떨어지고 부분적으로 이취 때문에 많은 양을 사용하기 힘들다는 단점이 있다. 바로 이런 이유로 고민이 크다.

외국의 경우 새로운 감미제품의 개발을 위해 기존 소재의 특성을 좀 더 기초적인 면을 분석하고 과학적인 방법을 통해 정교하게 설계된 대체원료를 확보하는데 초점을 두고 있으며 그런 가운데 맛과 감미 품질이 우수하면서 아울러 가격 경쟁력을 갖춘 원료를 발굴하고 있다.

그 중 세계적인 글로벌식품업체 두 곳의 경우를 소개해 보면 모두 나한과 과일 추출물을 이용하여 만들었는데 과거 천연 감미료로 알려진 스테비올배당체(Steviol glycoside)로서 이미 FDA로부터 안전성을 재확인 받은 후 천연 감미료와 스테비아 시장에서 많은 각광을 받은 품목이다. 이 스테비올배당체의 핵심성분 레바우디오사이 A를 중심으로 에리스리톨과 천연향을 포함하여 만들어진 설탕 대용 감미료 'Truvia'와 'Purefruit' 제품을 두 회사가 각각 개발하였다(표 1).

레바우디오사이드 A는 남미 파라과이 원산의 관목인 스테비아 레바우디아나 (Stevia rebaudiana)의 잎에서 발생하는 디테르펜 배당체로 이 식물 추출물은 단맛이 나며, 이미 브라질뿐만 아니라 일본 및 다른 국가에서 스테비오사이드가 상업적으로 활용되어 왔다(그림 7). 스테비오사이드는 많은 식품에 사용하기 어려운 뚜렷한 쓴맛과 감초의 뒷맛을 이끌어내고 있는 단점이 있어 녹말과 셀룰레이스 효소를 이용하여 에리스리톨 분자를 붙이는 당전이 반응을 통하여 다소 단맛은 떨어지지만 레바우디오사이드 A가 스테비오사이드보다 더 극성(–OH기가 많은 에리스리톨이 붙어 극성기가 많아짐)인 분자라는 사실 때문에 더 깨끗한 단맛을 이끌어내었다.

이들은 보다 더 설탕에 가까운 천연 고감미료를 내놓았고, 코카콜라를 비롯하여 여러 회사와 응용제품의 시장을 확장시킨바 있다. 현재까지 알려진 바로는 설탕과 가장 유사한 감미도를 가지고 있다는 평을 받고 있으며 과일추출물 자체는 설탕의 약 400배에 해당하지만 감미도를 조정하여 150~200배로 낮추고 풍미를 표준화함으로써 설탕과 유사한 맛이 나도록 개발한 제품들이다.

표 1 | 스테비오사이드와 레바우디오사이드의 단맛 품질 특성

성분	감미도(× sucrose)	맛품질(단맛/쓴맛/기타)
스테비오사이드	190	62/30/8
레바우디오사이드 A	170	85/12/3

앞서 예를 들은 세계적인 식품회사들 조차 사카린이나, 아스파탐과 수크랄로스 같은 합성 감미료보다는 천연 감미료 중심으로 고감미료

단맛 음식의 원리

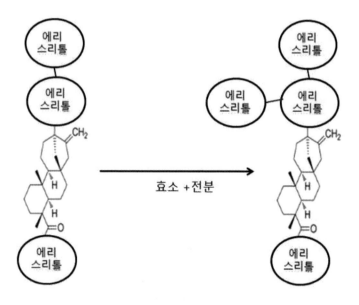

· 그림 7 · 스테비오사이드의 당전이 반응을 이용한 레바우디오사이드 A 로의 전환

(출처 : Adari 등 2016)

시장을 키워나가려는 트렌드를 선호하고 있어 우리나라의 식품제조
회사들도 향후 이런 추세에 따라 움직일 것으로 보인다.

Part 5

단맛과
질병 포비아

비만의 주범 :
단맛

설탕은 비만의 주범일까?

설탕세(Sugar Tax) 부과하는 35개국은 안전한가?

불과 100년 전만 해도 전 세계에서 당뇨병은 의사 한 사람이 평생 한 번 만나 볼까 말까 할 정도로 드문 병이었지만 오늘날 전 세계는 엄청나게 많은 인구가 당뇨병으로 고생하고 있을 정도로 변모했다. 지난 100년 사이에 식품산업과 식생활습관에도 대혁신이라 할 정도의 변화가 일어났다. 다양한 신제품의 개발 속에 설탕의 소비를 촉진시켰고 이런 단 음식을 너무 많이 먹는 식습관이 결과적으로 비만, 제2형 당뇨병, 심장병과 같은 다양한 질병을 가져왔다. 단 음식, 특히 정제된 당이 많은 음식들은 칼로리가 높지만 필수 영양소가 균형을 이루지 못하고 그 양이 상대적으로 적은 편이다. 이런 음식을 너무 많이 섭취하다 보면 체중이 증가하고 영양 섭취를 골고루 하기가 어렵다. 또한 설탕을 함유한 식품을 많이 섭취하면 혈당 수치가 상승하여 당뇨병 발생빈도가 높아진다.

인류에게 있어서 설탕은 한 때 고급 식재료로서 누구나 설탕을 접할 수 있는 물질이 아니었다. 일단 단맛을 맛본 사람들은 설탕에 탐닉하지 않을 수 없었고 매력적인 맛에 끌리기 시작하였다. 누구나 언제든지 충분히 먹을 수 있게 되어버린 오늘날 설탕의 섭취는 놀랄 만큼 증가하였다. 2022~2023년 기준으로 전 세계 설탕 소비량은 약 1억 7,600만 톤이나 된다. 1800년대에 비하면 무려 24배나 증가하여 폭발적으로 증가하였음을 알 수 있다. 그만큼 많은 양의 설탕을 먹고 있다. 이렇게 급작스럽게 설탕의 섭취량이 늘어나는 데 반하여 우리 몸은 이를 분해하고 이용하기 위하여 신속하게 적응할 수 있는 체질이 아니므로 축적이 되고 여러 가지 질병에 원인이 될 수밖에 없었다. 비만, 당뇨, 충치, 고혈압, 심장질환, 우울증 심지어 암의 원인으로 설탕이 지목될 정도다. 그러다 보니 이제는 독에 버금가는 것으로 취급을 받을 정도로 설탕이 원망의 대상으로 바뀌어 버렸다.

왜 그렇게 된 것인가?

이를 뒷받침하는 사실로 미국의 경우 다음과 같은 사항들이 보고

됐다.

- 전 세계 성인 인구의 39%가 과체중이다.

- 미국 인구의 42%가 비만이다.

- 미국인은 평균 하루에 17~19티스푼의 설탕을 소비하는데 이는 권장섭취량의 2배가 넘는다.

- 비만으로 BMI(체질량지수 : 체지방을 나타냄)>40인 사람은 정상 체중인 사람보다 코로나19로 사망할 위험이 거의 3배나 더 높다.

- 미국 어린이와 청소년의 18.5%인 1,370만 명이 비만이다.

- 미국인 중 3,400만 명 이상이 당뇨병을 앓고 있으며(약 10명 중 1명), 이들 중 약 90~95%가 제2형 당뇨병을 앓고 있다.

- 비만과 관련된 건강 문제로 연간 약 1,490억 달러의 비용이 지출되고 있다.

설탕 섭취와 비만 사이에는 복잡한 관계가 있다. 설탕을 너무 많이 섭취하면 체중 증가에 기여할 수 있지만 비만에 기여하는 유일한 요인은 아니다. 전반적인 칼로리 섭취, 신체 활동 부족, 유전적 특성과 같은 다른 요인도 있다. 또한 모든 유형의 설탕이 동일하게 만들어지는 것은 아니다. 정제된 첨가당이 많은 가공식품 및 음료 식품은 과일, 채소 및 유제품보다 체중 증가에 기여할 가능성이 더 크다. 설탕을 비만의 유일한 원인으로 비난해서는 안 되지만, 식단에 첨가된 설

단맛 음식의 원리

탕의 양을 고려해 보면 비판받을 만하다.

여러 질병 중에서도 특히 비만 문제가 사회적으로 주목을 받게 되면서 마치 비만의 주범이 설탕인 것으로 인식될 정도로 설탕이 함유된 식품들은 대부분 외면당하고 말았다. 사실 누가 보아도 지나칠 정도로 달게 먹고 있는 것은 사실이며 주변을 돌아보아도 과거에 비해 단 음식들이 참으로 많은 편이다. 자신이 먹는 음식의 양이나 칼로리는 생각하지 않고 다른 이유로 몰아가고 싶어서 설탕을 비만의 주범으로 몰아가는 면도 있다.

많은 나라들이 설탕과의 전쟁을 선포하고 또 설탕세(Sugar Tax)를 만들어 설탕을 가급적 적게 먹이려는 시도까지 하였다. 노르웨이가 1922년에, 2011년에는 헝가리가, 2012년에는 프랑스와 핀란드가 탄산음료에 설탕세를 부과하였다. 2018년에는 영국과 아일랜드가, 2020년에는 이탈리아 등 EU 국가들이 설탕세를 부과하였다. 이는 2016년 세계보건기구가 설탕세를 권고한 것이 계기가 된 것으로 현재 설탕세를 부과하는 나라가 35개국이나 된다. 이런 시도에도 불구하고 비만의 문제는 쉽게 해결이 되질 않고 있다. 〈그림 1〉을 보면 미국의 경우 비만과의 전쟁을 선포하며 설탕의 섭취에 대한 경각심을 심어준 시기 이후부터 오히려 더욱 비만의 문제가 더 확대되었다. 설탕을 섭취하지 않는 대신 다른 음식물을 더 많이 섭취하여도 문제가 없을 것이라는 생각한 것이 원인이 아니었을까.

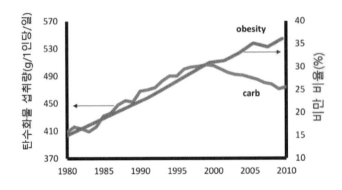

• 그림 1 • 40년 동안 미국인의 개인당 설탕 섭취량과 비만 비율의 추이

(출처 : USDA CDC economic NHANES surveys)

또 하나 생각해야 할 문제는 섭취한 칼로리에 비하여 운동량이 상대적으로 많이 줄어들어 섭취한 영양소를 운동에너지로 소모하는 일이 줄어든 것도 영향을 미쳤다. 전 세계적으로 사람들이 앉아서 일하는 시간들이 엄청 많아져 컴퓨터와 함께 일하는 시간이 많아지거나 걷는 시간보다는 자동차를 타며, 운동량이 많은 일을 하는 시간이 줄어들어 에너지의 소모가 줄어든 탓이다. 〈그림 2〉에서 보면 지난 60여 년 동안 미국인의 신체활동은 과거에 비하여 1/3 정도가 줄어들고 앉아서 좌식하는 일이 많아지다 보니 에너지의 소모량이 줄어들 수밖에 없었다. 우리나라의 경우도 과거에 비하여 학생들의 체육시간이 줄어들고 운동장 자체도 매우 좁아졌다는 사실만을 보더라도 청소년들의 신체활동양은 과거에 비하면 엄청 줄어들었다고 본다. 자동차 문화가

　　　　　　　　　　　　　　　　단맛 음식의 원리

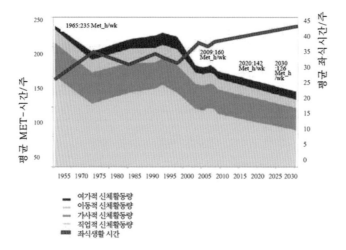

• 그림 2 • 지난 60년 동안 미국인의 신체활동량과 좌식 시간의 추이 변화와 향후 추세

(출처 : Ng & Popkin 2012)

보편화되어 걸을 수 있는 거리도 자동차를 이용하다 보니 신체활동이 큰 변화를 가져왔다.

설탕이 비만에 영향을 가져오는데 기여한 바도 있지만 그 문제만이 아니라 과거에 비하여 음식 섭취량도 많아지고 고칼로리를 섭취하는 것이 보다 더 큰 문제라고 볼 수 있다.

언제 배고픔을 느낄까!

우리가 섭취한 음식들이 모두 소화가 되고 영양소로 이용이 되어 또 다시 음식이 공급되었으면 하는 순간에 보통 배고픔을 느낀다. 위에서 나는 꼬르륵 소리와 달리 뇌로 하여금 가능한 한 빨리 음식을 보충해 섭취한 영양소들이 에너지를 만들어 공급해 줄 수 있어야 한다는 메시지를 받는다. 이 상황에서 식욕을 조절하려 나서는 것이 호르몬이며 이는 생명을 유지하기 위한 자연스러운 일이다.

'몸이 배고프다'는 신호를 전달하고 이를 받아들여 다음 조치를 취할 수 있도록 일종의 스위치 역할을 해 주고 조절하는 일에 호르몬이 관여한다. 이들 호르몬의 양에 의해 배고픔과 포만감이 어느 정도 조절된다. 체내에서 일어나는 대사 메커니즘을 적절히 조절함으로써 항상성을 유지할 수 있는데 여기에 필요한 요소 중 하나가 호르몬이며 호르몬의 작용은 매우 안정적으로 이루어져야 한다. 만일 호르몬의 공급이 불안정해지면 항상성이 깨지면서 질병을 초래한다. 당과 관련된 대사의 항상성을 주관하는 호르몬 중에서 배고픔과 관련된 호르몬으로 인슐린, 그렐린, 렙틴 등이 있다.

당과 대사의 항상성 호르몬의 관계

위장에서 소화가 끝나고 위가 텅 비면서 어느 정도 시간이 지나면, 위장에서는 그렐린 호르몬이 분비되어 배가 공복 상태임을 뇌에 알리는 역할을 한다. 위장에서 분비된 그렐린이 뇌의 시상하부에 도달하면 식욕을 느끼게 된다. 이 상태에서 음식을 먹어야 하겠다는 생각을 하며 음식을 먹기 시작하면, 그렐린 호르몬의 분비는 점차 줄어들기 시작한다. 위장에 음식물들이 어느 정도로 들어차고 배고픈 것이 어느 정도 사라지면 그렐린 호르몬의 분비량이 급격히 감소한다. 이때쯤 렙틴 호르몬이 분비되기 시작하는데 배가 고프다는 생각을 하는 그렐린 호르몬과는 정반대의 역할을 하는 호르몬으로 배가 부르다는 메시지를 조금씩 전달하기 시작한다. 렙틴 호르몬은 지방 세포에서 분비되는데 음식을 먹으면서 지방 세포에 에너지가 충분히 저장되었을 때 음식물이 분비가 어느 정도 이루어져 이제는 음식을 그만 섭취하여도 되겠다는 신호 메시지를 뇌에 알려 주는 역할을 한다. 음식을 충분히 먹으면 렙틴 호르몬이 분비되어 배가 부르다는 것을 느껴 더 이상 음식을 먹지 않아도 되어 식욕을 멈추도록 유도하는 역할을 한다.

만일 렙틴 호르몬이 신호가 전달되는 과정에서 문제가 발생하여 신호 메시지가 제대로 전달이 되지 못하면 배가 부르다는 것을 못 느껴서 식욕이 줄지 않아 우리 몸은 비만으로 발전된다. 렙틴 호르몬은 포만감을 유도하는 동시에 식욕을 자극하는 그렐린 호르몬의 분비를 억제함으로써 먹고 싶은 욕망을 조절시키는 매우 중요한 역할을 한다. 그렐린 호르몬은 렙틴과는 반대로 식욕을 촉진시켜주는 호르몬인데 그렐린 호르몬이 분비되는 양은 사람마다 각기 다르다. 식사량이 평소 많은 사람은 비교적 위가 큰 편으로 위가 작은 사람에 비해 많은 양의 음식을 먹어야 그렐린 호르몬의 분비가 줄어든다. 또 빠르게 음식을 먹는 사람들은 이런 호르몬의 작용이 안정화되기도 전에 식사가 끝나서 몸에서 필요하다고 요구하는 양보다 훨씬 많은 양의 음식을 먹을 가능성이 높다. 급하게 식사를 하는 사람들이 살이 찔 가능성이 높은 것은 바로 이런 호르몬 대사의 불균형이 가져온 것이다.

이외에 잠이 부족한 상태가 지속되면 그렐린 호르몬 분비량이 늘어나는데 잠이 부족하여 생기는 스트레스로 인해 불안한 증세가 나타나 그렐린 호르몬의 분비량을 증가시켜 비만을 유도한다. 평소 잠을 충분히 자두는 것이 비만을 예방하는데 큰 도움이 된다.

과당은 포도당과 달리 인슐린 분비 자극 능력이 부재하여 식욕 억제에 대한 조절 능력이 부족하다. 따라서 과당을 과도하게 섭취하면 음식물의 섭취를 조절하는 능력이 뒷받침이 안 되어 쉽게 비만을 유발한다. 또, 과당은 혈중 렙틴 호르몬 분비를 촉진하지 못하므로 상대적으로 그렐린 호르몬의 농도를 조절하지 못하고 높게 유지되는 바람에 식욕이 왕성해져 비만으로 이어질 가능성이 높다.

지방세포에서는 식욕 억제 호르몬인 렙틴을 분비하기도 하고 또 체지방을 일정하게 유지하는 역할도 한다. 이런 호르몬 시스템이 원활히 작동하면 비만을 조절하는 데 도움을 줄 수가 있는데 과당은 포도

단맛 음식의 원리

당과 달리 인슐린을 분비 자극하는 능력이 없기 때문에 식욕을 억제, 조절하지 못한다. 즉 과당을 과도하게 섭취하면 비만으로 발전 가능성이 높다. 설탕 대신에 이성화당과 같은 과당이 함유된 탄산음료를 마시며 건강에 대한 염려를 내려놓았었는데 최근 이성화당이 비만을 일으키는 요인이라는 사실이 보고되어 이제는 콜라와 같은 탄산음료를 미국 내 초·중고등학교 내에서 아주 팔지 못하도록 판매금지 조치를 취하기에 이르렀다. 우리나라에서도 가급적 이성화당의 첨가를 자제하고 있다.

장내 세균은 단맛을 선호 하는가?
아주 좋아해 비만이 진행

앞서 호르몬의 공급이 원활치 못하거나 억제됨으로써 비만이 발생할 수 있다고 이야기하였는데 이와 같은 과정에서 장내에 서식하는 장내 세균들의 분포가 영향을 받아서 결국에는 살이 찔 수가 있다. 장에는 살이 찌는 데 관여하는 피르미쿠테스균이 증식이 되어 건강하고 마른 체형을 유지하려는 박테로이데테스 균의 수보다 많아지면 이 균들이 생성해 내놓는 유해 물질에 의해 렉틴호르몬의 분비를 억제시켜 비만을 유도한다는 사실이 밝혀진 바 있다. 동물실험을 통해서 날씬한 실험쥐의 장내에다 피르미큐테스균을 주입하여 증식을 유도하니 비만의 쥐로 점차 변화하기 시작하였다. 사람의 경우 비만인 사람은 날씬한 사람에 비해 상대적으로 피르미쿠테스균이 20% 더 많았고 박테로이데테스균은 90% 가까이 적었다. 비만 환자들은 이후 1년간 체중감량을 시도하였을 때 체중감량의 정도와 비례해서 피르미쿠테스균의 비율은 떨어졌고, 박테로이데테스균의 비율은 증가하였다.

이와 같은 사실을 바탕으로 최근 미국의 병원에서는 살이 찌고 싶은 사람에겐 피르미쿠테스균을 주입하고 반대로 비만인 사람이 날씬해지고 싶은 경우 박테로이데테스균을 주입하여 체중 변화를 유도하는 프로그램을 실시하고 있다. 균을 확보하기 위해서 건강한 사람 중 마른 사람 혹은 비만인 사람의 변을 이용(그림3)하기도 한다. 피르미쿠테스균이 많아 뚱뚱한 사람의 변을 확보하여 충분히 균을 증식시킨 후 이 변을 항문으로 주입시키기도 하고 또는 변에서 이 균을 분리하여 정제로 만들어 구강으로 투약하기도 한다. 이런 방법으로 3주간 병원에 입원하여 어느 정도의 효과를 본 후 집으로 돌아가 정제로 만든 균을 먹으면 된다(그림 참조). 그런데 피르미쿠테스균이 좋아하는 먹이 중 하나가 정제당을 비롯한 설탕이다. 우리가 무심코 먹는 단맛을 지닌 음식들 중에는 장내 세균 중 비만을 유발하는 균인 피르미쿠테스균의 증식을 도와주는 인자가 있다는 사실을 명심해야 한다.

이와 같은 사실을 추론하여 보면 장내에 피르미쿠테스균이 박테로이데테스균의 수보다 훨씬 많은 상태를 유지하고 있는 사람은 다이어

단맛 음식의 원리

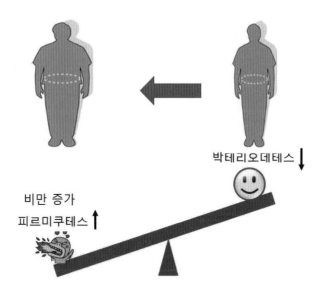

· 그림 3 · 뚱뚱함을 가져오는 피르미쿠테스균의 분포도가 증가하면 비만 유발

트를 하기 위하여 부단히 노력을 하여도 효과를 보기가 어렵다. 장내 세균의 분포를 바꾸려는 노력을 한 뒤에 다이어트를 하는 방식으로 도전해 보는 것이 바람직하겠다.

고혈당 원인은
단맛인가?

2

단맛(탄수화물) 과다, 당뇨 원인 될까?

외식은 당 섭취량을 높이는 원인

식이요법을 통해 다이어트를 하고자 하는 사람들 중에는 모든 탄수화물은 줄이고 지방과 단백질 식품을 주로 섭취해야 한다고 주장을 하였는데 일명 저탄고지라 불리는 다이어트 방법은 탄수화물을 줄이고 지방의 섭취를 늘이면서 전체적으로 단백질의 섭취량을 극대화하자는 방법인데 이 방법도 결국은 설탕을 비롯한 탄수화물을 적게 섭취하자는 것이다.

최근 우리나라에서도 소아당뇨를 걱정할 정도로 확대되고 있는데

단맛 음식의 원리

무엇보다도 설탕과 같은 정제당의 섭취가 증가한 탓이며 이를 간접적으로 시사해 주는 식단의 변화다. 과거에 비하여 빵이나 케이크, 과자류 등 설탕의 섭취가 높은 음식의 섭취가 몰라보게 증가하였다. 설탕이 함유된 식품을 적당히 먹으면 초기에 체내에서는 원만하게 조절 기능이 작동된다. 이것은 췌장의 베타세포에서 인슐린 분비를 촉진하고 분비된 인슐린이 적절한 범위 안에서 혈당치를 조절하기 때문에 체내 항상성이 유지된다. 인슐린은 포도당이 해당작용을 거쳐 에너지를 만들어 내는 에너지 대사에서 중요한 역할을 한다. 하지만 더 많은 양의 설탕이 유입되고 단맛을 지닌 식품에 탐닉하면 혈당이 급격히 올라가 인슐린은 무한정으로 공급이 어려워진다. 시간이 흐를수록 점차 인슐린에 대한 반응이 정상적인 경우보다 떨어져 포도당이 체세포 속으로 원활하게 들어가지 못하는 상황이 펼쳐지면 에너지 대사에 차질이 생기고 항상성에 의한 조절 기능이 점차 약화되고 혈당 관리에 문제가 생긴다. 이런 급격한 변화들이 반복되면 췌장은 심한 스트레스를 받게 되어 인슐린의 분비량이 감소하고 정상적인 기능을 하지 못하게 되면서 당뇨병이 시작된다.

하버드대 보건대학원 연구 결과에 의하면 집에서 식사를 자주 먹는 경우가 많을수록 당뇨병에 걸릴 위험이 그만큼 줄어드는데 놀랍게도 밖에서 외식을 하는 것 보다 한 번이라도 집에서 만든 음식을 점심으로 먹으면 당뇨에 걸릴 위험이 평균 2% 감소하며 집에서 저녁식사를 한다면 당뇨 위험은 평균 4%나 줄어들었다. 또 1주일에 11~14번을 집에서 식사를 하는 사람은 집에서 식사를 1주일에 6번 이하 먹는 사람에 비해 당뇨에 걸릴 위험도가 13%나 낮은 것으로 나타났다. 이는 집에서 식사를 할 경우 외식할 때에 비해 설탕을 비롯한 정제당이 많이 첨가된 음식이나 음료수를 적게 섭취하였기 때문에 상대적으로 칼로리가 줄어들고 인슐린 저항성이 커지거나 비만이 될 위험이 낮아졌기 때문으로 분석했다. 물론 집에서 먹는 음식이 맛있고 건강에 좋다고 해서 과식하면 안 되고 에너지와 영양균형을 맞추도록 유의해야 한다. 국내 식당의 경우 맛을 자극하고 더 많은 고객을 유치하기 위해 음식에 설탕이나 정제당을 많이 넣고 소금도 많이 들어가 달고 더 짜거나 맵게 제공하려는 경향이 있어 우리나라에서도 유사한 결과가 예상이 된다.

미국의 경우를 보면 1960년대 중반에 비해 2005~2008년경에 집에서 식사를 하는 횟수가 3분의 1로 줄어든 것으로 나타나 외식을 하는 비율이 높아졌다. 이런 외식 활동이 비만, 당뇨병, 혈중 중성지방도 크게 증가하는 것으로 나타나 성인병 발병률이 높아질 수 있었다. 밖에서 외식할 때에는 식품 속에 초과하여 첨가된 당분을 신체가 충분히 처리하지 못해 과체중이나 비만이 되기도 하지만 운동 부족이나 스트레스도 주요 원인 중 하나로 나타났다. 집에서 식사하는 경우 집이라는 환경이 밖에서 보다 스트레스를 덜 준다는 점도 음식 못지않게 중요한 영향을 준다.

단맛 음식의 원리

포도당 수치가 높은 음식을 많이 선택한다면 과연 췌장암에 걸릴 확률이 높아지는 것인가에 대한 궁금증은 많은 사람들이 갖고 있었다. 사실 단 음식이 암을 유발한다는 것은 모든 암에 적용이 된다고 하기보다는 인슐린의 분비와 관련된 췌장암의 경우 혹 그럴 가능성이 있다. 이런 궁금증을 해결하기 위해서는 상당히 많은 사람을 대상으로 장기간에 걸쳐 실험이 이루어져야 그 궁금증을 시원하게 풀 수 있다. 연구비용도 어마어마하게 소요되는 관계로 국내에서는 감히 시도하기조차 힘든 주제인데 미국에서 전향적 연구를 통하여 18년 동안 사전에 건강한 사람을 대상으로 신체검사를 한 후 88,802명을 대상으로 식이습관에 따라 어떤 영향을 보이는지를 관찰 수행하였다. 실험 대상은 해당 병력이 없는 사람들에서 선발이 되었고 상태변화를 관찰하며 질병이 걸린 사람을 대상으로 조사한 결과 이 기간 동안 발생한 췌장암 여성 환자는 180명이었다. 이들 중에는 과당을 섭취한 사람들이 3.17배나 높게 췌장암에 걸렸으며 혈당 부하를 유발하게 식이습관을 가진 사람들은 2.67배나 높게 발병하였다.

일반적으로 암세포가 좋아하는 영양분 중 하나가 포도당인데 혈당 부하를 가져오는 이성화당은 정상적인 대사 과정을 거치지 않고 별도의 비정상적인 대사 과정을 거쳐 이성화당으로부터 에너지원을 공급

받아 암세포 성장을 도와준다.

혈당 부하란 혈당을 올리는 음식을 먹는 경우를 말하는데 사과나 딸기 토마토 등은 식이섬유가 풍부하여 혈당이 천천히 올라감으로써 혈당 부하를 상대적으로 낮춘다. 과일을 많이 섭취하는 것은 혈당 조절에 매우 바람직하다. 과일에는 식이섬유가 풍부하고 아울러 비타민, 미네랄이나 항산화물질이 풍부하여 혈당 부하를 낮추어주는 효과가 기대된다. 그러나 과일에서 식이섬유를 제외하기 위하여 주스를 갈아서 농축 주스를 만들어 먹는 경우 이것 자체도 안 좋은 것인데 여기에 액상과당 등을 첨가하는 것은 바람직하지 못하다. 매일 커피를 마실 때 우리 자신도 모르게 무심코 시럽을 넣거나 음료수, 주스, 빵, 탄산음료 등을 통해서 액상과당 혹은 이성화당을 많이 섭취하고 있는데 잘 생각해 보아야 할 부분이다. 평소 혈당 부하가 높은 식단은 이미 근본적인 인슐린 저항성을 가지고 있는 여성의 경우 췌장암 위험을 증가시킬 수 있어 조심을 해야 한다. 모든 이에게 단 음식들이 암을 일으키기보다는 혈당이 높은 사람이라면 단 음식을 통해서 다른 사람들보다도 췌장암에 걸릴 확률이 높다는 점을 유념할 필요가 있다.

단맛 음식의 원리

충치의 원인 물질 당류

당분은 타액을 산성 상태로 만든다.

입안 pH가 5.7(산성) 이하면 충치 발생

단것을 먹고 난 후 치아 관리를 잘하면 문제가 없겠으나 관리를 소홀히 하면 치아 주변에 남아 있는 당분을 이용하는 충치 유발균인 *Streptococcus mutans* 균이 증식한다. 이 균은 음식에서 얻어지는 당분을 먹고 끈적끈적한 물질을 만들어 내어 플라그를 만든다. 이 플라그 속에서 함께 서식하는 충치 유발균이 산을 생성시키고, 이 산으로 치아의 에나멜을 공격하여 충치가 만들어진다. 보통 입안의 pH는 7.4로 중성에서 약한 알칼리에 가깝지만, 음식을 먹고 나면 입안은 대

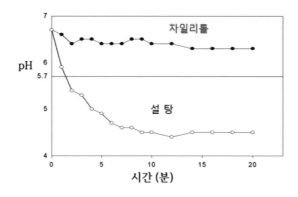

· 그림 4 · *Streptococcus mutans* 균에 의한 설탕과 자일리톨의 산 생성

(출처 ; 노봉수 외 2000)

부분이 산성화된다. 타액의 작용으로 입안이 자연스럽게 중성에 가까워지려고 하지만 단맛이 있는 간식을 많이 먹으면 타액의 작용이 정상적으로 이루어지지 못해 산성인 상태에 머물러 버린다.

〈그림 4〉에서 보는 바와 같이 설탕을 비롯한 단 음식을 먹으면 빠른 시간 내에 입안의 pH가 5.7 이하로 떨어진다. 산성의 조건이 되면 충치 유발균의 활동이 활발해져 치아가 부식되어 충치를 유발한다. 반면 자일리톨 껌을 씹고 있으면 구강 내 pH는 거의 7.4 부근을 유지하며 충치유발균이 더 이상 활동할 수가 없어 충치가 예방된다.

충치를 유발하는 것으로 끝이 아니라 구강 내에는 수백 가지의 균들이 증식을 하는데 그중 하나가 치주염을 유발하는데 이 치주염은

단맛 음식의 원리

Streptococcus mutans 균이 만들어 놓은 플라그 속에서 증식하다가 점차 잇몸에 염증을 일으키고 나아가 신경조직을 상하게까지 진전시킨다. 입안에는 충치균 등 여러 균들이 자라기 좋은 환경이 갖추어지면 충치가 발생된다. 보통 단것을 먹으면 충치의 원인이라고 생각하기 쉽지만, 양치질을 철저히 한다면 단것을 먹는다 해도 충치는 잘 생기지 않는다.

아이들이 간식은 식사와 함께 자일로톨 껌을 후식처럼 먹는 것은 바람직하다. 시간을 두고 계속 입에 무언가를 우물거리게 되면 충치균이 서식할 가능성이 높아 타액의 힘으로 녹은 치아 표면을 복구하는 재석회화가 이루어지기가 쉽지 않다. 간식이나 주스, 탄산음료 등을 식사 중간중간에 먹으면 입안은 계속 산성인 상태에 머물게 되어 재석회화가 힘들다. 모든 간식이 충치를 만드는 것은 아니다. 치즈나 견과류는 입안을 산성으로 만들지 않는다. 단 것이라도 입안에서 빨리 지나가는 젤리 등도 충치를 만들기 어려운 간식 중 하나다. 당근이나 무를 먹기 편하게 자른 신선한 채소 등도 입안을 산성화시키지 않는 좋은 채소다. 이에 반해 입안에 오래 남아있는 사탕이나 초콜릿 같은 단 음식은 산성인 상태에서 충치 유발균들의 활동이 활발할 수가 있어 주의해야 한다.

커피나 콜라 음료의 pH는 3 부근으로 치아를 부식시키기 좋은 식품들이다. 여기에 설탕까지 함유되어 있다면 더할 나위 없이 충치가 생기기 쉽다. 점심식사 후 직장인들이 커피를 들고 다니며 마시는 경우를 많이 보게 되는데 자신들의 치아가 부식되고 있다는 사실을 잊고 있어 매우 안타깝다. 이런 습관을 지닌 사람들은 특별히 치아 관리를 철저히 해야 한다. 식후 3분 이내에 3분간 칫솔질을 해야 건강한 치아를 유지할 수 있는데 식후 커피를 마시며 들고 다니며 먹는 행위는 치아 관리를 포기한 것이나 다름없다.

커피 회사에서 여러 종류의 커피를 매일 맛보는 감각평가자들은 커피 맛을 본 후 입안의 커피를 뱉어 버리고 생수로 입안을 깨끗이 세척한 후 다른 커피를 맛보고 생수로 세척하기를 반복한다. 나름 치아 관리를 잘하고 있는 듯 보이나 20년 이상 이런 일에 종사하다 보면 이들의 치아는 치아 간격이 많이 벌어지고 그 사이가 검게 변하여 많이 손상된 것을 발견한다. 평소 탄산음료나 커피를 즐겨 마시는 사람들이 꼭 한번 되새겨 보아야 할 부분이다.

충치를 유발하는 뮤탄스균은 가까운 사람의 타액으로 감염된다. 어린아이들 주변에 모든 사람들이 제대로 치아 관리를 하여 균의 양이 줄어들면 아이의 감염 확률도 줄어든다. 특히 아이가 어릴 때 뽀뽀해

주거나 질긴 음식이라고 어른들이 음식을 씹어서 주는 행위는 바로 이 충치균을 주입시켜 주는 것이나 다름없다. 이는 정말로 조심해야 할 행동이다. 충치가 발생하기가 쉬운 사람은 자일리톨을 활용하는 것이 좋다. 왜냐하면 자일리톨은 설탕과 다른 분자 구조로 5탄당인 자일로스에 수소가 첨가된 것인데 당알코올류로 뮤탄스균이 지방산과 글루칸 같은 끈적끈적할 물질을 만들지 못한다. 즉 자일리톨은 충치균의 먹이가 될 수가 없다. 뮤탄스균들이 자일리톨을 먹는다 하더라도 균체 내에서 에너지를 만들어 내지 못하여 그대로 배설이 된다. 또다시 이를 먹는다 하여도 마찬가지로 그대로 배설이 되어 에너지를 만들 수 없어 뮤탄스균은 결국 배고파 죽고 말게 된다. 뮤탄스 균이 이용을 해야 산을 만드는데 더 이상의 산을 생성하지도 못하여 치아에 피해를 입히지 못한다.

세계보건기구가 아프리카의 어린이들을 대상으로 4년간에 걸쳐 자일리톨 껌을 매일 씹었던 그룹과 자일리톨이 함유되지 않은 껌을 씹은 그룹을 나누어 실험을 하였더니 충치발생률이 4.5개의 차이를 보이며 자일리톨 껌을 씹은 경우 충치를 예방할 수 있었다. 오늘날 같으면 이런 실험을 행하지 못한다. 1950~60년대 아직 생명윤리위원회의 승낙을 밟는 절차가 없었던 시기에 충치가 썩도록 가만 놔두면서 실험을 행하였다는 사실이 윤리적으로 문제가 있으나 자일리톨의 효과가 이렇듯 긍정적인 효과를 가져왔기에 충치 예방 효과를 국제적으로 특별히 인정해 주었다.

장내 세균 변화로
면역력 약화

장은 우리 몸의 면역기관

당 다과 섭취, 장의 미생물 균형 무너뜨려

장은 인체의 가장 큰 면역기관이자 독성물질을 걸러내는 곳이다. 설탕을 많이 함유한 식품을 자주 먹으면 유해한 장내 세균이 활발하게 증식해 장 기능을 해치고 또 장 점막을 손상시킨다. 장 기능이 정상적으로 이루어지지 못하면서 독소 물질이 장 내에 그대로 쌓일 수 있고 만성 피로를 일으키기도 한다. 또 이러한 물질들이 몸 구석구석 돌아다니면 서서히 몸을 망가뜨리며 면역 기능에도 문제를 일으켜 각종 질병에 노출되기 쉽다.

단맛 음식의 원리

장내에는 여러 종류의 세균들이 함께 모여 군락을 이루는데 이들은 서로 공생하면서 세균총(細菌叢, bacterial flora, 미생물 무리)을 이룬다. 세균총은 장내에 존재하는 유익한 균과 유해한 균들이 서로 균형을 유지하는데 이것은 마치 화학반응의 평형상태와도 같은 것이라고 생각하면 된다. 여기에 상황에 따라 대세인 쪽으로 가서 그와 유사한 성질을 갖는 중간균이 있다. 중간균은 유익균 쪽으로 가기도 하고 반대로 유해균 쪽으로 가기도 한다.

당분이 많은 식단을 섭취하는 것은 장내 미생물 구성의 변화와 관련이 있으며, 이는 건강에 영향을 미친다. 당분이 많은 식단은 장내 특정 유형의 박테리아를 과도하게 증식시켜 염증을 증가시키고 면역력을 감소시킨다. 당분을 많이 섭취하면 피르미큐테스(Firmicutes)와 같은 특정 유형의 박테리아가 과도하게 증식하고 Bacteroidetes와 같은 유익한 박테리아가 감소한다. 이러한 장내 미생물의 균형이 파괴되면 면역 기능의 변화와 염증 증가로까지 발전된다.

장내 세균들의 역할 중에는 병원균 침입을 방어하고 면역체계를 성숙시키며 나아가 비타민과 단쇄지방산을 생산하여 영양분을 공급하고 대사 조절에 관여하는가 하면 또한 인체와 상호작용을 통해 인간의 건강과 질병에 큰 영향을 미친다. 장내 세균의 불균형이 초래하거나 장내 세균들의 다양성이 떨어지면 이것이 비만이나 제2형 당뇨병, 비알코올성 간질환, 심장대사질환, 영양실조 등 여러 종류의 대사 질환을 일으키기도 한다.

장내 세균의 분포를 보면 면역력을 향상시키는 데 도움을 주는 것으로 비피더스균이나 유산균 등과 프로바이오틱스, 프리바이오틱스, 포스트바이오틱스 등이 있다. 반대로 유해 물질을 만들어 내는 식중독균 또는 병원성균으로 더 알려진 가스괴저균, 포도상구균, 대장균 등 유해균들의 분포가 유익균보다 더 많아지면 암모니아, 유화수소, 동맥경화 촉진물질, 과산화지질, 유해 독소, 발암물질 등과 같은 유해 물질이 생성되어 장내에서 해독작용이 이루어지지 못한다. 오히려 독소 성분들이 그대로 쌓이고 장 점막까지 손상시킨다. 이 독소 성분은 혈관을 타고 몸 구석구석 돌아다니게 되면 만성피로를 유발하게 되고 경우에 따라서는 염증을 일으키거나 면역 기능도 떨어져 각종 질병을 유발하는 데에 원인이 된다. 중간의 성질을 띤 균(일명 중간균)들은 우리들이 먹는 음식물에 따라 각기 유해한 균들이 되기도 하거나 또는 유익한 균이 되는 방향으로 그 분포가 달라진다.

장내 유해균들이 좋아하는 먹이

단 음식은 유해균 먹이 공급망

유익균과 유해균의 균형인 '세균총' 붕괴

유익한 균들이 좋아하는 먹이인 유당, 식이섬유나 올리고당을 섭취하면 유익균이 증가하며 더불어 중간균들이 마치 유익균의 성질을 띠며 면역력에 도움이 되는 물질을 많이 만들어 낸다. 그러나 유해한 균들이 좋아하는 설탕 혹은 정제된 당 등을 보다 많이 섭취하면 유해세균들이 증식하고 아울러 중간균들도 유해균을 따라 증식하여 전체적으로 유해균이 유익균보다 훨씬 더 증가하면서 면역력이 떨어진다.

유익한 균이 대세를 이루고 장이 튼튼한 상태로 건강하다 하더라도 심한 중노동으로 지친 상태가 지속되고 설탕이나 정제당의 섭취가 많아지면 장내에서의 모든 반응과 작용은 원활하지 못하다. 더군다나 많은 음식을 지나치게 섭취하거나 혹은 술을 많이 마신 경우에도 건강한 장을 유지하기가 곤란하다. 현대인들에게 많은 스트레스가 반복되거나, 해로운 중금속이나 농약, 그리고 항생제 등이 지속적으로 장으로 유입되면 유익균과 유해균 간의 세균총 균형은 깨져 버려 정상적인 장의 기능을 제대로 하지 못한다.

예를 들어 더운 지역에 여행을 다녀와 여러 균들에 노출이 되어 병원균이 몸 안으로 침투하여 들어오면 몸 안에서는 자체적으로 방어시스템이 작동에 나선다. 그러나 유익균에 의한 방어 활동이 한계에 부딪힐 정도로 콜레라균이나 식중독균의 수가 급작스럽게 증가하면 가능한 빠른 시간 내에 이들 병원균이나 식중독균을 몸 밖으로 배설해서 세균총의 균형을 유지하려고 노력한다. 설사는 장의 건강을 위해서 매우 유익한 활동으로 장을 심하게 움직여서 수분이 대장에서 흡수될 겨를도 없이 유해한 미생물들을 대변과 함께 바로 몸 밖으로 내보내게 된다. 이는 설사를 통하여 장내에 있던 병원균들이 몸 밖으로 빠져나가도록 유도하여 유해 미생물과 유익한 미생물 간의 균형이 점차 새롭게 조성될 수 있도록 만들어 준다. 설사가 반복되면서 안정을 찾기까지는 시간이 걸린다. 시간이 흘러 유익균의 수가 점차 증가하면 다시 건강한 상태로 면역력을 회복한다. 우리 몸에서 일어나는 항상성은 이처럼 장내 세균의 분포도가 균형을 유지하도록 조절해 주는 역할을 하는데 항상성은 사람의 의지에 의해서 이루어지는 것은 아니라 자연적인 생리적 현상이다.

 면역력이 약한 상태인지 강한 상태인지는 장의 건강이 좌우한다. 그 이유는 장이 신체 면역력의 상당 부분을 담당하고, 몸 전체의 상태를 결정하는 주요한 기관이기 때문이다. 장내 수없이 많은 균들이 균형을 이루어야 하는데, 몸에 좋은 작용을 하는 균이 건강에 해를 끼치는 작용을 하는 해로운 균보다도 상대적으로 많이 존재하면 건강하고 면역력이 좋은 상태를 유지함으로써 건강을 유지할 수 있게 만들어 준다. 하지만 전반적으로 면역력이 약하고 장의 면역력 기능이 상실되어 있다면, 유해한 균의 수가 유익한 균보다 상대적으로 많아지고 균 분포의 균형이 깨져 장의 상태가 나빠지면서 영양성분의 흡수도 제대로 이루어지지 못하고 각종 면역질환이 일어난다.
 내 몸이 필요한 영양소를 섭취하는 것도 중요하지만 장내에 서식하는 장내 세균 중 유익한 균들이 좋아하는 식이섬유 등을 평소 자주 공급하여 장내 환경을 건강하게 만들어 주는 것이 면역력을 향상시키는

단맛 음식의 원리

좋은 방법이다. 또한 스트레스나 만성피로도 줄여나가 갈 수 있는 방법이 필요하다. 몸이 피로하다고 달달한 것을 선택하는 것은 유해균의 먹이를 공급해 주는 것으로 그만큼 몸을 더욱 피로하게 만들 가능성이 높아져 지나친 당류 섭취는 장 건강에도 악영향을 미쳐 면역력을 떨어뜨리고 만다.

비알코올성 지방간의 발생 원인

5

술을 마시지 않는데 지방간 수치가 왜 높을까?
액상과당(포도당)을 과다 섭취한 것이 원인

가끔 '나는 술을 하나도 안 먹고 사는데 왜 지방간이 생기는지 모르 겠다.'라고 말을 하는 사람들이 있다. 비알코올성 지방간이 생성되는 것은 술이 아니라 당분 성분들이 대사에 사용되고 남은 뒤 이를 세포 조직에서 저장하다 보면 세포조직에 이어 간에서도 지방을 축적하기 때문이다. 대부분의 식품에서 단맛을 내기 위하여 설탕 대신에 액상 과당(탄수화물의 한 종류)을 많이 사용하고 있는데 이로 인하여 비알코 올성 지방간 문제들이 야기된다. 액상과당은 주로 옥수수 전분을 이

단맛 음식의 원리

용하여 만드는데 감미도가 설탕의 1.3~1.4배가 단 과당으로 제조된 당이다. 설탕보다 훨씬 단맛이 강하면서 가격도 저렴하여 인기 있는 식품소재로 각광을 받고 있어 콜라, 탄산음료, 빵이나 과자, 아이스크림, 요구르트, 소스류 등 광범위하게 액상과당이 사용된다.

액상과당이 비알코올성 지방간을 촉진하는 것은 다른 당분들보다 체내 흡수가 더 빠르게 이루어지고 흡수된 액상과당을 이용하여 지질 생합성을 보다 쉽게 하기 때문이다. 특히 과당은 포도당과 달리 인슐린 분비를 자극하는 능력이 없어 포만감을 느껴 식욕을 억제해야 하는 순간에도 억제를 제대로 하지 못한다. 액상과당이 함유된 음식을 먹는 사람은 자신이 얼마큼 많이 먹었는지를 가늠하기가 어렵다.

한 연구 결과에 의하면 건장한 남성들에게 같은 열량의 포도당을 섭취한 그룹과 액상과당을 섭취한 그룹을 비교하였더니 액상과당을 섭취한 사람들이 혈중 중성지질이 증가한 결과를 보여주었다. 건장한 사람뿐만 아니라 이미 당뇨병을 앓고 있는 환자들에게서도 혈중 중성지질 농도가 현저히 증가한 것으로 나타났다. 보편적으로 액상과당을 선택하는 것이 설탕을 먹는 것보다 안전하다고 판단하겠으나 그것은 매우 위험한 발상이다. 왜냐하면 액상과당을 과다하게 섭취하는 경우 고중성지질혈증과 더불어 LDL-콜레스테롤이 증가하는 것으로도 나타났다. 2012년 네이처에 발표된 자료에 따르면, 과도한 양의 액상당을 섭취하는 것은 간독성을 유발할 수 있고 만성질환의 위험을 높일 수 있어 가급적이면 청소년들이 액상당이 함유된 음료 제품을 선택하는 경향은 바로 잡아야 할 문제라고 주장하였다. 이에 따라 미국 내 중고등학교 내에서 자판기를 이용하여 판매되는 탄산음료를 일체 구입하지 못하도록 조치를 취한 바 있는데 바로 이런 이유들 때문이다.

단맛 음식의 원리

6 단맛은
심장질환의 첫손가락

설탕 과다, 포도당 과다 섭취는 심혈관 질환 유발

단맛 성분 함량 기준 미제시, 단맛 과다 경쟁 유발

설탕 섭취는 체내에서 해당 작용과 크렙스 사이클(TCA 사이클, 그림 5)을 통한 대사 작용을 거치면서 에너지를 만든다. 당분을 필요 이상으로 섭취하면 이를 소화하고 분해하는 대사 작용을 하기 위하여 수많은 효소들과 여러 종류의 비타민이나 미네랄 성분이 필요하다. 우리 몸에 필요한 대부분의 영양소가 모두 마찬가지지만 필요한 양만큼 균형 있게 먹는 것이 중요한데 미량의 미네랄과 비타민이 부족하면 항상성의 균형이 조금씩 깨지면서 결국에는 여러 질병으로까지 연

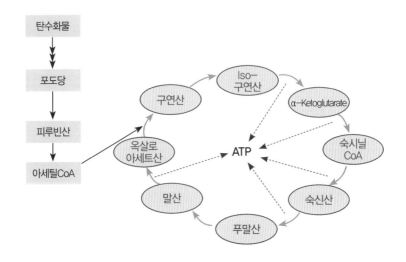

· 그림 5 · 탄수화물의 해당 작용과 크렙스 사이클

결되고 만다. 이런 과정은 어느 날 갑자기 일어나는 것이 아니고 자신도 모르는 사이 아주 서서히 일어나서 알아차리기가 어렵다. 탄수화물 중독증까지 발전되면 난치병이나 불치병이라는 늪으로 자신도 모르게 빠져들고 만다.

오랫동안 설탕을 습관적으로 과다하게 섭취하게 되는 경우 영양과다로 비만이 되기 쉽고 체내에서 포도당은 지방으로 전환되어 혈액 속에 중성지방의 농도를 높이며 동시에 심혈관 계통의 질환 위험성이 높아진다. 실제로 미국 질병통제예방센터의 연구 결과에 따르면, 설탕을 과다하게 섭취하는 사람은 설탕이 조금 첨가된 음식만 먹는 사람에 비해 심장질환으로 사망할 위험이 3배나 높다고 보고한 바

단맛 음식의 원리

있다.

단맛을 좋아하는 경향은 후천적인 것으로 어려서부터 달콤한 분유에 익숙해져 있거나, 간식으로 과자나 사탕, 주스, 초콜릿, 초코케이크, 아이스크림, 청량음료 등의 가공식품을 즐겨 먹었던 아이들은 단맛에 중독되기 쉽다. 제때 식사를 하지 않고 밥보다는 간식을 마치 주식처럼 먹으려는 경향이 있어 아이들의 이러한 식습관이 성인이 돼서도 바뀌지 않으면 식습관으로 굳어져 신체의 면역기능이 많이 떨어지고 일찍 성인병에 걸리기 쉽다는 연구보고들이 있다.

많은 사람들이 단맛을 좋아하고 있다는 점을 간파한 식품산업체들이 단맛 경쟁을 통해 신제품을 제조해 왔던 것은 사실이다. 또, 식품의약품안전처에서도 단맛 성분의 함량(비율) 기준을 제시한 바가 없었고 다만 어린이 식품의 경우 과하게 당이 들어갔다고 표시하는 제도를 도입한 정도였다. 규제 항목으로 단맛에 대한 기준이 없었다는 것은 결국 업체 간에 경쟁을 할 수 있게 허락한 것이나 마찬가지고 그러한 경쟁이 사회적인 문제로까지 발전되었다. 최근 설탕을 지나치게 많이 섭취하는 것은 바람직하지 못하다는 점들을 인식하게 되었고 외국의 글로벌 식품기업은 물론 국내 식품기업들조차 가급적 설탕의 첨가량을 스스로 낮추어 나가는 노력을 하고 있은 점은 다행이다.

만성적인 설탕 섭취와 설탕 중독

7

설탕은 '스트레스 해방'…세로토닌 분비

단맛 중독의 원인, 뇌는 포도당만이 에너지원

    사람들이 스트레스를 받으면 무엇인가 행동하지 않으면 안 되겠다는 강박관념에 빠지게 되고 그중 하나가 무엇인가를 먹음으로써 해소가 될 수가 있다고 믿는 경향이 있다. 이런 경우 가장 많이 선택하는 음식으로는 단맛이 나는 식품이다. 설탕은 정제된 영양소 성분으로 매우 빠른 시간 안에 체내에서 에너지원으로 전환되어 스트레스 해소와 피로 회복에 도움을 준다. 그러나 그것은 일시적이다. 그 정도가 심한 경우 스트레스를 받으면 단 음식부터 생각나고 단 음식을 끊으

단맛 음식의 원리

면 손발이 떨리고 산만해지거나 무기력해지거나 혹은 우울증까지 느끼는 경우가 있다. 일종의 '설탕 중독' 현상이다. 설탕 중독은 신체적이나 심리적인 원인에 의해서 단 것을 끊임없이 찾아 먹는 행동으로, 정신질환의 일환으로 생각할 만큼 무서운 병이다.

뇌에서는 오직 포도당만을 에너지원으로 삼기 때문에 업무 과중으로 뇌가 혹사되거나 피로할 때에는 자연스럽게 뇌가 시급히 필요로 하는 단맛을 찾게 된다. 단맛은 뇌 속에 있는 쾌락 중추를 자극해 신경 전달 물질인 세로토닌을 분비시키는데, 세로토닌은 사람의 기분을 좋게 만드는 효과가 있다. 단것을 먹으면 심리적 안정감을 느끼게 되는 것은 바로 세로토닌 때문이다. 또 단맛이 나는 음식이 없다면 음식을 폭식하는 경우가 많다. 단맛 음식을 먹든가 아니면 폭식을 하던가 하는데 일단 스트레스에 놓인 환경으로부터 탈출하고 싶다고 생각하며 만족감을 느낀다. 단맛 성분은 뇌의 쾌락 중추를 자극해 신경전달물질인 세로토닌의 분비를 유도하는데 이 세로토닌은 사랑을 느낄 때 뇌에 생성되는 호르몬인 도파민과 함께 사람의 기분을 좋게 만들어 심리적 안정감을 느끼게 만든다. 마치 마약을 복용할 때와 같은 쾌락과 행복감을 느끼게 한다. 도파민의 분비가 늘수록 몸은 도파민에 대한 내성이 생기게 되고 그렇게 되면 더 많은 쾌락을 위해 보다 많은 양의 설탕을 찾게 되어 결국에는 설탕 중독에 빠질 수 있다. 한순간의 기쁨을 자주 갖고 싶어지다 보면 과잉 섭취하게 되고 단맛에 대한 의존성이 더욱 증가하여 결국 자신도 모르게 중독으로까지 이어질 가능성이 크기 때문에 주의해야 한다.

음식을 통해서 정신적인 압박감으로부터 탈피하여 스트레스를 풀어나가는 것이 반복되면 결국 자신도 모르는 사이에 필요 이상의 양을 섭취하게 되고 우리 몸에서는 외부의 자극적인 변화로부터 항상성을 유지하려 하나 그 범위를 넘어서 지나치게 쾌락을 추구하다 보면 결국에는 몸을 망치게 된다.

스트레스를 풀기 위해 음식을 먹는 것만이 해결 방법이라고 접근하는 것은 바람직하지 못하다. 음식 섭취 이외의 다른 방법을 찾아보아야 한다. 단맛이 나는 음식을 선택하거나 혹은 담배를 지속적으로 피우거나 술을 마시는 것도 마찬가지로 피해야 할 부분이다.

꽤 오래 전 마늘에 존재하는 유효한 성분으로 위궤양을 치료할 수 있는 물질을 찾는 동물 실험을 한 적이 있다. 먹이를 주기 전에 종을 울리면 식사 시간인 줄 알고 모여든다. 그럼 한 손으로 몸을 부여잡고 숟가락으로 머리를 밀어 주는 가혹한 행위를 반복하여 동물쥐에게 스트레스를 통한 위궤양을 인위적으로 유발시키는 실험을 행한 적이 있다. 종만 울려도 스트레스를 받는데 나중에 실험동물 쥐를 해부를 해 보니 스트레스를 많이 받은 쥐의 위 주변에 모세혈관들이 대부분 충혈이 되거나 터져버려 위가 정상적으로 수축·이완 활동을 못해 소화를 제대로 할 수 없는 경우가 있었다(그림 6, 가상적인 현상).

사람도 마찬가지다. 정신적인 스트레스로 인해 육체적으로 여러 장

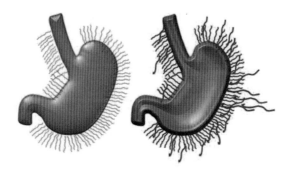

• 그림 6 • 가상적인 위의 주변의 모세혈관 (좌) 정상적인 쥐 (우) 스트레스 받은 쥐

기들이 영향을 받아 모세혈관들이 충혈이 되면 쥐처럼 여러 장기들이 손상될 수 있다. 설탕에 중독되는 경우 손발이 떨리고 정신이 산만해지거나 무기력증을 보이며, 나아가 우울증마저 나타나는 경우도 있으며 스트레스가 축적된다. 단맛에 대한 중독이 지나치면 단맛을 먹지 않고는 더 이상 참을 수가 없어 더욱 스트레스가 가중되고 만다.

그런가 하면 단맛은 스트레스 호르몬의 생성을 감소시켜 위안을 준다는 주장도 있다. 스트레스 속에서 살 수밖에 없는 현대인들이 건강한 삶을 살아가려고 노력하면서 스트레스를 극복할 수 있는 방안의 하나로 단맛을 찾고 있는 것이 아니겠는가!

스트레스가 어른들에게만 있는 것일까? 아니다. 초등학생들도 학교 수업과 개인 수업 활동이나 학원 등 엄청난 양의 부모들의 요구에 의해 스트레스를 받고 있다. 뿐만 아니라 얘기들도 스트레스를 받는다. 먹을 것을 먹어야 하는데 먹는 시간이 지났음에도 먹지를 못한다거나, 혹여 먹기는 먹는데 그 양이 충족되지 않는다든가, 먹을 것이 있는 위치를 아는데 더 먹고 싶어도 자신의 힘으로는 도달할 수 없는 아쉬움을 접하게 되면 마찬가지로 스트레스를 받는다. 아이들조차도 이런 여러 종류의 스트레스로부터의 가장 손쉬운 해방은 바로 단맛의 물질을 먹는 것이다.

왜 균형 있는
미각이 중요할까?

현대인들은 영양의 균형을 유지하는 것이 매우 중요하다는 이야기를 하면서도 실제로 밥상을 보면 영양적인 면에서 균형을 이루지 못하고 있다. 최근에는 육류 위주의 식사와 더불어 비교적 단맛과 짠맛이 강한 음식을 선호하는 경향이 높다. 그러다 보니 다섯 가지의 미각을 제대로 느끼지 못하는 면이 있는데 특히 코로나 팬데믹 이후 후각과 더불어 미각을 상실하는 경우가 많이 있어 올바른 미각을 느낄 수 있도록 노력해야 할 필요가 있다. 맛을 통해 느끼는 것은 해당되는 음식이 우리 몸에 필요함을 이야기한다. 편중되게 음식을 선택하는 것이 반복되다 보면 우리의 몸은 균형을 잃고 한쪽으로 치우쳐 건강에 이상이 생기는 문제로 발전된다. 많은 사람들이 단맛과 짠맛을 추구하다 보니 자연적으로 쓴맛과 신맛이 나는 음식의 섭취가 부족한 상황으로 발전하게 된다.

말기 암에 걸린 사람들이 병원에서조차 포기한 상태인데 깊은 산속에 들어가 생활하면서 치유한 경우들이 알려지고 있다. 어떤 이유인가를 보면 산속에서 좋은 공기를 마시며 산속을 여기저기 다니다 보면 육체적으로 건강해진다. 또 산속에서는 희귀한 약재들이 많이 있어 이를 먹게 되는데 대체로 쓴맛을 지닌 것들이 많다. 쓴맛을 지닌 것들에는 씀바귀, 고들빼기, 쑥, 민들레, 엉겅퀴 등 대부분의 녹색 풀이며, 여기에 산삼, 더덕, 익모초, 인진쑥, 도라지, 당귀를 비롯한 약재 성분들이 도움을 줄 수 있다. 산속의 신선한 채소나 약초들이 함유한 미네랄, 비타민, 그리고 생리활성물질 등이 큰 도움을 주는 것도 그 이유 중 하나다.

산속에서도 김치를 만들어 먹거나 또는 오래된 묵은김치, 파김치 등을 비롯하여 각종 채소를 절여서 만든 절임채소들은 신맛을 내는 것들이며 도시에서 생활할 때에 비하면 훨씬 미각에 있어서도 균형적인 감각을 찾고 기능성이 있는 채소들을 접하면서 몸이 건강을 회복할 가능성이 높아진다. 무엇보다도 단맛이 있는 음식들을 섭취하는 것이 상대적으로 줄이는 효과가 생긴다. 면역력을 증강시켜주는 효과가 높은 유익한 장내 세균들이 좋아하는 먹이들이 바로 이런 것들이기 때문이다. 장내 세균은 균이 많이 있는 것도 중요하나 다양한 균이 존재하는 것이 더 바람직하다. 다양한 채소를 먹는다는 일은 그만큼 장내 세균이 다양한 균총을 이루고 그에 따라 면역력 강화에도 도움이 된다.

많은 연구 논문들이 주로 도시 지역에 사는 사람들에 초점을 맞추어 왔다면 탄자니아 북부의 수렵 채집 사회 구성원들처럼 산속이나 시골에서 사는 사람들에게는 어떤 차이가 있을까? 탄자니아 사람들의 장내 미생물군을 시퀀싱(sequencing, 특정 순서대로 명령)하고 이를 네팔 및 캘리포니아 사람들의 미생물 군집과 비교한 것을 보면 도시지역에 사는 사람들보다 시골에 사는 사람들이 장내 미생물들이 다양하고 더 많은 종류의 미생물 분포 경향을 보일 뿐만 아니라 서구식 생활 방식은 상대적으로 장내 개체군의 다양성을 감소시키는 것으로 보인다는 사실을 발견하였다. 도시지역에 사는 사람들이 시골에 사는 사람들에 비하여 상대적으로 설탕과 같은 단 음식을 더 많이 먹을 기회가 많다는 점도 생각해 보아야 문제이다.

우리가 먹는 한약이나 양약들 중에는 쓴 것이 많은데 평소 먹지 않던 쓴맛을 지닌 것들도 가끔은 먹을 필요가 있다. 이런 부분들이 다시금 건강을 회복시켜 질병을 극복하기도 하는데 현대과학으로 그 이유들을 정확히 파악하고 있지는 못하고 있다. 그러나 이런 사실에서 짐작할 수 있는 것은 단맛의 음식들을 탐닉하면 병에 걸릴 확률이 높은 반면, 쓴맛이나 신맛을 섭취하면 건강을 다시 찾을 수 있다는 점이다.

제로슈거 음료로 알려진 제품에는 설탕이 함유되어 있지 않아 체중 조절에 효과가 있는 것이라고들 믿고 있는데 이에 대하여 세계보건기구의 가이드라인이 매우 적절한 지침을 제시해 주고 있다.

세계보건기구는 체중을 조절하거나 비전염성 질병의 위험을 줄이기 위해 비설탕 감미료를 사용하지 말 것을 권장하는 새로운 지침을 발표했다. 이 권장 사항은 비설탕 감미료 사용이 성인이나 어린이의 체지방 감소에 장기적인 이점을 제공하지 않는다는 증거에 대한 체계적인 검토 결과를 기반으로 하고 있다. 세계보건기구가 검토한 결과 비설탕 감미료의 장기간 사용으로 인해 제2형 당뇨병, 심혈관 질환 및 성인 사망률의 위험 증가와 같은 잠재적인 영향이 있음을 제시하였다.

설탕과 같은 유리당을 비설탕 감미료로 대체하는 것은 장기적으로 체중 조절에 도움이 되지 않는다. 오히려 과일이나 채소류에 함유된 자연적인 단맛 성분이 포함된 음식을 섭취하는 것이 바람직하다. 세계보건기구는 비설탕 감미료가 필수적인 식이 요소가 아니며 영양가가 없다고 전한다. 건강을 개선하기 위해서는 어릴 때부터 식단의 단맛을 완전히 줄여야 한다. 이 권장 사항은 기존 당뇨병 환자를 제외한 모든 사람에게 적용되며 식품 및 음료에서 발견되는 설탕으로 분류되지 않는 비설탕 감미료에는 아세설팜 K, 아스파탐, 사이클라메이트, 네오탐, 사카린, 수크랄로스, 스테비아 및 스테비아 유도체가 포함된다.

비설탕 감미료와 질병 결과 사이의 증거에서 관찰된 것이 연구 참가자의 기본 특성과 비설탕 감미료 사용의 복잡한 패턴에 의해 혼동될 수 있기 때문에 다양한 연령 그룹의 소비 범위, 특정 국가의 환경에 따라 고려해 볼 사항이 있을는지 향후 논의가 필요하다.

최근 세계보건기구 산하 국제암연구소는 아스파탐이 암을 유발할 가능성이 있는 2B군으로 발표할 예정인데 사용량에 대한 충분한 검토가 뒤따르지 못하고 단순히 양에 대한 구체적인 언급없이 발표하는 것이라서 1991년에 커피가 암을 유발할 가능성이 있는 2B군으로 발

• 그림 7 • 아스파탐 함유 제품의 일일 섭취량의 한도

(사진출처 : 동아일보 2023).

표를 하였다가 2016년에 이를 철회한 것처럼 취급될 가능성이 높다. 아마도 일반인들에게 경각심을 불어 넣어주는 것이라고 여겨진다. 한편 식품의약품안전처는 아스파탐의 발암 가능성에 대하여 평소 일반인이 섭취하는 양의 수십 배를 매일 평생 동안 먹어야 암이 발생할 정도로 매우 적은 양을 허용하고 있다고 발표한 바 있다.

비설탕 감미료에 대한 세계보건기구의 지침들은 평생 동안 건강한 식습관을 확립하고 식습관의 질을 개선하며 전 세계적으로 비전염성 질환의 위험을 줄이는 것을 목표로 건강한 식습관에 대한 지침의 일부라고 생각된다.

PART 1

- Paul I.M., Beiler J., McMonagle A., Shaffer M.L., Duda L. and Berlin Jr C.M. Effect of honey, dextromethorphan, and no treatment nocturnal cough and sleep quality for coughing children and their parents. Arch Pediatr Adolesc Med. 161(12) : 1140–1146 (2007)

- 노봉수, 당알코올의 특성과 응용, 아세아문화사, 서울 (2000)

- 박승준. 비만의 사회학. 청아출판사, 경기도 파주시 (2021)

- 올라 C.M. 축제와 단식. p163–195 '미각의 역사', 폴 프리드먼 엮음. 주민아 옮김. ㈜ 북이십일 21세기북스, 경기도 파주시 (2009)

- 이종림. 오늘도 '단맛'을 찾는 당신, 그 이유는? 동아사이언스 : 7월 2일 (2015)

PART 2

- Ahmad R. and Dalziel J.E. G Protein-coupled receptors in taste physiology and pharmacology. Frontiers in Pharmacology. 11:1–27 (2020)

- Allen A.L., McGeary J.E., Knopik V.S. and Hayes J.E. Bitterness of the non-nutritive sweetener acesulfame potassium varies with polymorphisms in TAS2R9 and TAS2R31. Chemical Senses, 38(5) : 379-389 (2013)

- Ariyoshi Y. Synthesis of aspartyl tripeptide esters relation to structural features of sweet peptides. Agric Biol Chem 44(4) : 943-945 (1980)

- Bhosale S.H., Rao M.B. and Deshpande V.V. Molecular and industrial aspects of glucose isomerase. Microbiol Rev. 60(2) : 280-300 (1996)

- Hayes J.E., Bartoshuk L.M., Kidd J.R. and Duffy V.B. Supertasting and PROP bitterness depends on more than the TAS2R38 gene. Chemical Senses 33(3) : 255-265 (2008)

- Holzer P., Reichmann F. and Farzi A. Neuropeptide Y, peptide YY and pancreatic polypeptide in the gut-brain axis. Neuropeptides 46 : 261-274 (2012)

- Nursten H. The Maillard Reaction : Chemistry, Biochemistry and Implication. Royal Soc Chem, Thomas Graham House, Science Park, Cambridge, UK (2005)

- 동아사이언스 : 오늘도 '단맛'을 찾는 당신, 그 이유는? 07.02 (2015)

- https://www.mirror.co.uk/tech/cant-your-kids-eat-veg-9034892?ICID=FB_mirror_main

- Hwang L.D., Lin C., Gharahkhani P., Cuellar-Partida G., Ong J.S., An J., Gordon S.D., Zhu G., MacGregor S., Lawlor D.A., Breslin P.A.S., Wright M.J., Martin N.G. and Reed D.R., New insight into human sweet taste: a genome-wide association study of the perception and intake of sweet substances. Am J Clin Nutri. 109(6) : 1724-1737 (2019)

- Hwang L.D., Zhu G., Breslin P.A.S., Reed D.R., Martin N.G. and Wright M.J. A Common genetic influence on human intensity ratings of sugars and high-potency sweeteners. Twin Res Human Gene 18(4) : 361-367 (2015)

단맛 음식의 원리

- Iwaniak, A., Minkiewicz, P., Darewicz, M. and Hrynkiewicz, M. Food protein originating peptides as tastants—physiological, technological, sensory, and bioinformatic approaches. Food Res Int. 89 : 27-38 (2016)

- Kirk D. and Tekinerdogan B. Precision nutrition : A Systematic literature review. Comp Biol Medi 133(2) : 104365 (2021)

- Kokrashvili Z., Mosinger B. and Margolskee R.F., T1r3 and alpha—gustducin in gut regulate secretion of glucagon—like peptide—1. Ann N Y Acad Sci. 1170 : 91—94(2009)

- Margolskee R.F., Dyer J, Kokrashvili Z., Salmon K.S.H., Ilegems E., Daly K., Maillet E.L., Ninomiya Y., Mosinger B., and Shirazi—Beechey S.P. T1R3 and gustducin in gut sense sugars to regulate expression of Na$^+$—glucose cotransporter 1. PNAS 104(38) : 15075—15080 (2007)

- Marta Gallego M., Mora L. and Toldrá F. The relevance of dipeptides and tripeptides in the bioactivity and taste of dry—cured ham. Food Prod Process Nutri 1:2 (2019)

- Matchar M. Using electric currents to fool ourselves into tasting something we're not. Smithsonian magazine. August 15, (2018)

- Moraru C. Formulating in sweetness. Prepared Foods, September 16, (2011)

- Ottinger H. and Hofmann T. Identification of the taste enhancer alapyridaine in beef broth and evaluation of its sensory impact by taste reconstitution experiments. J Agric Food Chem. 51(23) : 6791—6796 (2003)

- Ottinger H. Discovery and structure determination of a novel Maillard—derived sweetness enhancer by application of the comparative taste dilution analysis (cTDA). J Agric Food Chem. 51(4) : 1035—1041 (2003)

- Schallenberger R.S. Taste chemistry principle in Taste Chemistry. pp 47-109 Springer, New York, NY (1993)

- Shallenberger R.S, The AH, B glycophore and general taste chemistry. Food Chem. 56(3) : 209−214 (1996)

- Soldo T., Frank O., Ottinger H. and Hofmann T. Systematic studies of structure and physiological activity of alapyridaine. A novel food−born taste enhancer. Mol Nutr Food Res. 48(4) : 270−281 (2004)

- Taché Y. and Saavedra J.M. The Brain−Gut Axis. Cellular and Molecular Neurobiology 42 : 311-313 (2022)

- https://www.kaitlincolucci.com/the−gutbrain−axis/the−gut−brain−axis−by−eimear−sutton

- Wu A., Dvoryanchikov G., Pereira E., Chaudhari N. and Roper S.D. Breadth of tuning in taste afferent neurons varies with stimulus strength. Nature Communications 6 : Article No. 8171 (2015)

- Wu C., Jeong M−Y., Kim J.Y., Lee G., Kim J−S.,Yu Eun Cheong Y.E., Kang H., Cho C.H., Kim J., Park M.K., Shin Y.K., Kim K.H., Seol G.H., Koo S.H., Ko G.P. and Lee S−J. Activation of ectopic olfactory receptor 544 induces GLP−1 secretion and regulates gut inflammation. Gut Microbes 13(1) (2021)

- Zhao F., Shen T., Kaya N., Lu S., Cao Y., and Herness S. Expression, physiological action, and coexpression patterns of neuropeptide Y in rat taste−bud cells. PNAS 102(31) : 11100−11105 (2005)

- Zhao S., Zheng H,, Lu Y., Zhang N., Soladoye O.P., Zhang Y. and Fu Y. Sweet taste receptors and associated sweet peptides: Insights into structure and function. J. Agric. Food Chem. 2023, 71(38) : 13950-13964

(2023)

- 강석기. 단맛 쓴맛 선호도의 비밀, '미각의 과학', 기획컬럼. The Science Times 6월 22일 (2018)

- 강진희, 손희진, 홍은정, 노봉수. 고춧가루의 매운 맛 등급화를 위한 Mass Spectrometer 를 바탕으로 한 전자코 분석. 산업식품공학 14(1) : 35−40 (2010)

- 김기화, 동혜민, 한현정, 이영현, 문지영, 방경환, 노봉수. 홍삼 농축액의 원산지 판별을 위한 전자코 분석. 한국식품과학회지, 45(5) : 652−656 (2013)

- 노봉수, 맛의 비밀, pp. 104 예문당, 서울 (2008)

- 노봉수, 양영민, 이택수, 홍형기, 권철한, 성영권. 휴대용 전자코에 의한 된장의 숙성정도 예측. 한국식품과학회지 30(2) : 356−362 (1998)

- 노봉수. 전자코를 이용한 휘발성분의 분석과 식품에의 이용, 한국식품과학회지 37(6):1,048−1,064 (2005)

- 노봉수. 제 4차 산업혁명에서 향미산업이 나아가야 할 방향. 식품과학과 산업. 57(1) : 65−75 (2024)

- 달콤 쌉쌀한 사카린의 추억. 동아사이언스 11월19일 (2011)

- 손희진, 강진희, 홍은정, 임채란, 최진영, 노봉수. 전자코−Mass spectrometry를 이용한 들기름이 혼합된 참기름의 판별 분석. 한국식품과학회지 41(6) : 609−614 (2009)

- 이수진, 노봉수. 식품산업 분야에서의 2 세대 전자코의 응용과 활용가능성, 식품과학과 산업, 50(4) : 50−64 (2017)

- 장준영, 스커미온 기반 차세대 컴퓨팅 뉴로모픽 소자 개발. https://news.skhynix.co.kr/ post /skirmion−based (8, 10, 2020)

- 최낙언. 맛의 원리−맛의 즐거움은 어디서 오는가? , 예문당, 완전 개정4판, 서울 (2022)

- 해롤드 맥기, 이희건 옮김. 음식과 요리, 양파가족 pp.485–489 도서출판 백년 후, 서울 (2011)

- 홍은정, 박수지, 이화정, 이광근, 노봉수. 다른 밀원에서 기원한 꿀의 전자코 분석. Korean J Food Sci Ani Resour. 31(2) : 273–279 (2011)

PART 3

- Chandrashekar J., Yarmolinsky D., von Buchholtz L., Oka Y., Sly W., Ryba N.J.P. and Zuker C.S. The Taste of Carbonation, Sci 326(5951) : 443-445 (2009)

- Hagenimana V., Vezina L.P. and Simard R.E. Distribution of amylases within sweet potato (Ipomoea batatas L.) root tissue. J Agric Food Chem. 40(10) : 1777-1783 (1992)

- Jarvis J.K. and Miller G.D. Overcoming the barrier of lactose intolerance to reduce health disparities. J Nat Med Assoc 94(2) : 55–66 (2002)

- Nicherson T.A. Lactose crystallization in ice cream. IV. Factors responsible for reduced incidence of sandiness. J Dairy Sci. 45(3) : 354–359 (1962)

- Nivetha A. and Mohanasrinivasan V. Mini review on role of β–galactosidase in lactose intolerance. IOP Conf. Series: Materials Science and Engineering 263 (2017) doi:10.1088/1757-899X/263/2/022046

- Wang Y.Y., Chang R.B., Allgood S.D., Silver W.L. and Liman E.R. A TRPA1–dependent mechanism for the pungent sensation of weak acids. J. Gen. Physiol. 137(6) : 493-505 (2011)

- Wang Y.Y., Chang R.B. and Liman E.R. TRPA1 is a component of the nociceptive response to CO2. J Neurosci. 30(39) : 12958-63. (2010)

- Witkowski M., Nemet I., Alamri H., Wilcox J., Gupta N., Nimer N., Haghikia A., Li X.S., Wu Y, Saha P.P., Demuth I., König M., Steinhagen-Thiessen E., Cajka T., Fiehn O., Landmesser U., Tang W.H.W. and Hazen S.L. The artificial sweetener erythritol and cardiovascular event risk, Nature Medicine 29 : 710-718 (2023)

- 교육부, 질병관리청. 2022년 학생 건강검사 및 청소건강행태조사 결과 (2022) : https://blog.naver.com/moeblog/223074360961

- 교육부, 질병관리청. 학생 건강검사 및 청소년건강행태조사 결과 (2018)

- 노봉수, '맛의 비밀'시리즈 ⑧추운 겨울에 먹는 군고구마의 비밀. #농심누들 푸들/푸드이야기/푸드컬럼. http://www.noodlefoodle.com/magazine/ show_food_column/ culture?groups =&gubun=pr&id=3059&listSearch Key=%EA%B5%B0%EA%B3%A0%EA%B5%AC%EB%A7%88&page=1&ord erBy=

- 송수진, 최하늬, 이사야, 박정민, 김보라, 백희영, 송윤주. 한국인 상용 식품의 혈당지수 (Glycemic Index) 추정치를 활용한 한국 성인의 식사혈당지수 산출. 한국영양학회지 45(1) : 80-93 (2012)

- 윤성식, 유당불내증(Lactose Intolerance)의 발생 원인과 경감 방안에 대한 고찰. 한국유가공기술과학회지. 27(2) : 55-62 (2009)

- 이원섭, 왕실 양명술 건강법, 도서출판 문중, 서울 (2010)

- 이형주, 문태화, 노봉수, 장판식, 백형희, 이광근, 김석중, 유상호, 이재환, 이기원, 최승준, 변상균, 식품화학, 수학사, 서울 (2020)

- 천정환, 서건호, 정동관, 송광영. 유당불내증에 효과적인 유당이 없는 낙농 유제품의 개발 : 현재와 미래. 한국낙농식품응용생물학회. 38(1) : 1-18 (2020)

- 홍은정, 박수지, 이화정, 이광근, 노봉수. 다른 밀원에서 기원한 꿀의 전자코 분

석. Korean J. Food Sci. Ani. Resour. 31(2) : 273-279 (2011)

- Bayol S.A., Farrington S.J. and Stickland N.C. A maternal 'junk food' diet in pregnancy and lactation promotes an exacerbated taste for 'junk food' and a greater propensity for obesity in rat offspring. British J Nutri 98 : 843-851 (2007)

- Bijal P. and Trivedi B.P. Gustatory system: The finer points of taste. Nature 486 : S2-S3 (2012)

- Boring, E. G. A new ambiguous figure. Am J Psycho, 42 : 444-445 (1930)

- Hänig D.P. Zur Psychophysik des Geschmackssinnes. Philosophische Studien 17 : 576-623 (1901)Smith D.V. and Margolskee R.F. Making sense of taste. Sci Am. 284(3) : 32-39 (2001)

- Smotherman W.P. In utero chemosensory experience alters taste preferences and corticosterone responsiveness. Behavi Neural Biol 36(1) : 61-68 (1982)

- 과식의 심리학 : 현대인은 왜 과식과 씨름하는가, 저자 키마 카길, 강경이 번역, 루아크 출판사(2016)

- 권미라, 노봉수, 이승주, 이영승, 이지현, 이혜성, 조인희, 최낙언. 식품의 감각 평가와 기호적 품질관리, 수학사, 서울 (2018)

- 김민아, 심혜민, 이혜성. 식품 품질관리를 위한 신호탐지이론(SDT) 감각차이식 별분석 이론과 생수 품질관리에의 활용. 식품과학과 산업.52(1) : 20-31 (2018)

- 노봉수. 굶는 즐거움 잘싸야 잘산다. 항상성. pp. 63-68, 수학사 (2008)

- 이혜성, 조하연, 김민아, 김인아. 탐지 이론을 적용한 식품의 감각적 지각 품질 의 정량적 측정 방법. WO2015122582A1WIPO (PCT) (2015)

PART 4

- Adari B.R., Alavala S., George S.A., Meshram H.M., Tiwari A.K. and Sarma A.V.S., Synthesis of rebaudioside A by enzymatic transglycosylation of stevioside present in the leaves of Stevia rebaudiana Bertoni. Food Chem 200 : 154-158 (2016)

- Ariyoshi Y. Synthesis of aspartyl tripeptide esters in relation to structural features of sweet peptides. Agric Biol Chem 44(4) : 943−945 (1980)

- Beck K.M. Properties of the synthetic sweetening agent, cyclamate. Food Technol. 11(3) : 156−158 (1957)

- Bourland C.T. The development of food systems for space. Trends Food Sci Technol. 4: 271−276 (1993)

- Bourland C.T., Rapp R.M. and Smith M.C. Space shuttle food system. Food Technol. 31: 40−45 (1977)

- Braunstein C.R., Noronha J.C., Glenn A.J., Viguiliouk E., Noseworthy R., Khan T.A., Au−Yeung F., Mejia S.B., Wolever T.M.S., Josse R.G., Kendall C.W.C. and Sievenpiper J.L. A Double−blind, randomized controlled, acute feeding equivalence trial of small, catalytic doses of fructose and allulose on postprandial blood glucose metabolism in healthy participants: The fructose and allulose catalytic effects (FACE) trial. Nutrients 10(6) : 750(2018)

- Cho K−J. Therapeutic nanoparticles for drug delivery in cancer. Korean J Otolaryngol 50 : 562−72 (2007)

- Dziezak J.D. Sweeteners and Product Development. 3. Alternatives to cane and beet sugars. Food Technol. 40(1) : 116−128 (1986)

- Gallego M., Mora L. and Toldrá F. The relevance of dipeptides and tripeptides in the bioactivity and taste of dry-cured ham. Food Product Process Nutri 1: Article No. 2 (2019)

- Gänzle M.G. Lactose and oligosaccharides | Lactose : derivatives. In 'Encyclopedia of Dairy Sciences' (2nd Ed), pp. 202-208 Editors (Fuquay J.W., McSweeney P.L.H., Fox P.F. Academic Press (2011)

- Grenby T.H. Advances in Sweeteners, 1996th Edition, Blackie Academic & Professional, an imprint of Chapman & Hall, Glasgow, England (1996)

- https://www.amc.seoul.kr/asan/depts/amcmg/K/bbsDetail.do?menuId=3811&contentId=247229 유전성 대사질환

- https://www.joongang.co.kr/article/1213908#home 감미료 사이클라메이트 함유한「코카」·「펩시」콜라 미서 판금 (1969)

- Kemp S.E. and Lindley M.G. Developments in sweeteners for functional and speciality beverages. In Functional and Speciality Beverage Technology, Paquin P.(editor) pp. 39-54, CRC Press, Washington, D.C. USA (2009)

- Li C., Li L., Feng Z., Guan L., Lu F. and Qin H-M. Two-step biosynthesis of d-allulose via a multienzyme cascade for the bioconversion of fruit juices. Food Chem. 357, 30 September, 129746 (2021)

- Moss M. Salt, sugar, fat : How the food giants hooked us. Random House, New York (2013)

- Moss M. The Extraordinary science of addictive junk food. NY Times. February 24, (2013)

- Myers R.H., Khuri A.I. and Carter W.H. Response Surface Methodology: 1966-1988. Technometrics 31(2) : 137-157 (1989)

- Ragel J.H., Dwyer G.P.Jr, and Battalio G. Bliss points vs. minimum needs: tests of competing motivational models. Behav Processes 11: 61−77 (1985) Rachlin H., Battalio R., Kagel J. and Green L. Maximization theory in behavioral psychology. Behav Brain Sci 4 : 371−417 (1981)

- Ross J.S., Schenkein D.P., Pietrusko R., Rolfe M., Linette G.P., Stec J., Stagliano N.E., Ginsburg G.S., Symmans W.F., Pusztai L. and Hortobagyi G.N. Targeted therapies for cancer. Am J Clin Pathol 122(4) : 598−609 (2004)

- Shallenberger R.S. Taste Chemistry. Blackie Academic & Professional, Paris (1993)

- Smallwood K. The accidental discovery of saccharin, and the truth about whether saccharin is bad for you. https://www.todayifoundout. com/index.−php/2014/05/ saccharin−discovered−accident/ (2014)

- Takayama S., Renwick A. G., Johansson S. L., Thorgeirsson U. P., Tsutsumi M., Dalgard D. W. and Sieber S. M. Long−term toxicity and carcinogenicity study of cyclamate in nonhuman primates. Toxicol Sci. 53(1) : 33-39 (2000)

- Vincent H. C., Lynch M. J., Pohley F. M., Helgren F. J. and Kirchmeyer F. J. A taste panel study of cyclamate−saccharin mixture and of its components. J Am Pharm Assoc. 44 : 442−446 (1955)

- Yücesan B. and Altuğ C. Chemical and enzymatic modifications of steviol glycosides. In Steviol Glycosides : Production, Properties, and Applications. Galanakis C.M. (editor) pp. 81−102, Elsevier, Amsterdam, Netherlands (2021)

- Zhao S., Zheng H,, Lu Y., Zhang N., Soladoye O.P., Zhang Y. and Fu

Y. Sweet taste receptors and associated sweet peptides: Insights into structure and function. J Agric Food Chem. 71(38) : 13950-13964 (2023)

- 김선화, 정용진. 국내외 나트륨 저감화 동향 및 사례. 식품과학과 산업, 49(2): 25-33 (2016)
- 김성수, 김인호, 김기성, 양지원, 박주현. 우주식품의 개발 현황과 전망. 식품 과학과 기술. 41(4) : 64-82 (2008)
- 노봉수, 김상용. 당알코올의 특성과 응용, 아세아문화사, 서울 (2000)
- 마이클 모스, 배신의 식탁, 최가영(번역), 명진출판사, 서울 (2013)
- 신혜형. 외국의 나트륨 저감 가공식품개발동향, 보건산업, 브리프, 45: 1-8 (2012)
- 양범수. 멜라무드 독스매톡 CEO "코로나19 이후 늘어난 설탕 소비, 푸드테크 기술로 줄여야",https://biz.chosun.com/distribution/food/2022/11/16/ DBKZUDF6KRG-NRJ2CMDGE6K47TA/ (2022)
- 최낙언. 맛의 원리 pp. 32 개정4판, 예문당, 서울 (2022)
- 하세베 사치, 하세가와 츠토무. 소성 내성을 갖는 초콜릿. 등록번호 10-2006049 (2019)
- 홍문화. 의약품 개발의 문제점. 과학과 기술 pp.27-31 (1970)

PART 5

- Bäckhed F., Ding H., Wang T., Hooper L.V., Koh G.Y., Nagy A., Semenkovich C.F., and Gordon J.I. The gut microbiota as an environmental factor that regulates fat storage. Proc Natl Acad Sci USA 101 : 15718-15723 (2004)
- Bäckhed F., Manchester J.K., Semenkovich C.F. and Gordon J.I.

Mechanisms underlying the resistance to diet−induced obesity in germ−free mice. Proc Natl Acad Sci USA 104 : 979−984 (2007).

- Bantle J.P., Raatz S.K., Thomas W. and Georgopoulos A. Effects of dietary fructose on plasma lipids in healthy subjects. Am J Clin Nutr 72 : 1128−1134 (2000)

- Chiu S., Sievenpiper J.L, de Souza R.J., Cozma A.I., Mirrahimi A., Carleton A.J., Ha V., Buono M.D., Jenkins A.L., Leiter L.A., Wolever T.M.S., Don−Wauchope A.C., Beyene J., Kendall C.W.C. and Jenkins D.J.A. Effect of fructose on markers of non−alcoholic fatty liver disease (NAFLD): a systematic review and meta−analysis of controlled feeding trials. European J Clin Nutri 68 : 416-423 (2014)

- Crapo P.A., Kolterman O.G. and Henry R.R. Metabolic consequence of two−week fructose feeding in diabetic subjects. Diabetes Care 9 : 111−119 (1986)

- Gray P. Time, Chemistry of Love, 141(7), Feb. 15, (1993)

- Hallfrisch J., Reiser S. and Prather E.S. Blood lipid distribution of hyperinsulinemic men consuming three levels of fructose. Am J Clin Nutr 37 : 740−748 (1983)

- Helmchen L.A. and Henderson R.M. Changes in the distribution of body mass index of white US men, 1890−2000. Ann Hum Biol 31 : 174−181 (2004)

- https://wholehealthsource.blogspot.com/2015/11/carbohydrate−sugar−and−obesity−in.html (2015)

- https://www.statista.com/statistics/249681/total−consumption−of−sugar−worldwide/ (2023)

- https://www.who.int/home/search?indexCatalogue=genericsearchindex1&searchQuery=NSS&wordsMode=AnyWord WHO advises not to use non-sugar sweeteners for weight control in newly released guideline. 12 May (2023)

- https://www.yna.co.kr/view/AKR20151109149300009 (2015)

- Hunter-gatherer lifestyle fosters thriving gut microbiome. Nature, NEWS 22, June (2023)

- IEG Policy Agribusiness Intelligence. "Next Generation Food: How health, climate change and politics are changing the way we eat", report (2019)

- Koo H.Y., Miyashita M., Cho B.H.S. and Nakamura M.T. Replacing dietary glucose with fructose increases ChREBP activity and SREBP-1 protein in rat liver nucleus. Biochem Biophys Res Commun 390 : 285-289 (2009)

- Koo H.Y., Wallig M.A., Chung B.H., Nara T.Y., Cho B.H.S. and Nakamura M.T. Dietary fructose induces a wide range of genes with distinct shift in carbohydrate and lipid metabolism in fed and fasted rat liver. Biochim Biophys Acta 1782 : 341-348 (2008)

- Ley R.E., Turnbaugh P.J., Klein S. and Gordon J.I. Microbial ecology: human gut microbes associated with obesity. Nature 444 :1022-1023 (2006).

- Lustig R.H., Schmidt L.A. and Brindis C.D. Public health: The toxic truth about sugar. Nature 482 : 27-29 (2012).

- Maekinen K.K., Bennet C.A., Isokangas P., Pape H.J., Hujoel P.P. and Maekinen P.L. Caries preventive effect of polyol containing chewing

단맛 음식의 원리

gums. J. Dent. Res. 72 : 346−351 (1993)

- Magne F., Gotteland M., Gauthier L., Zazueta S., Pesoa S., Navarrete P. and Balamurugan R. The Firmicutes/Bacteroidetes Ratio: A Relevant marker of gut dysbiosis in obese patients? Nutrients. May ; 12(5) : 1474. (2020)

- Marteau T.M., Hollands G.J., and Kelly M.P. Changing population behavior and reducing health disparities: Exploring the potential of "Choice Architecture" interventions. pp. 105−168 in Population Health: Behavioral and Social Science Insights. Kaplan R.M., Spittel M.L. and David D.H.(Eds.) Government Printing Office. NIH, USA (2015).

- Michaud D.S., Liu S., Giovannucci E., Willett W.C., Colditz G.A. and Fuchs C.S. Dietary sugar, glycemic load, and pancreatic cancer risk in a prospective study. J. National Cancer Institute, 94(17) : 1293-1300 (2002)

- Montonen J., Järvinen R., Knekt P., Heliövaara M. and Reunanen A. Consumption of sweetened beverages and intakes of fructose and glucose predict type 2 diabetes occurrence. J Nutr 137 : 1447−1454 (2007)

- Ng S.W. and Popkin B.M. Time use and physical activity : a shift away from movement across the globe. Obes. Rev. 13(8) : 659−80 (2012)

- Odegaard A.O., Koh W.P., Arakawa K., Yu M.C. and Pereira M.A. Soft drink and juice consumption and risk of physician−diagnosed incident type 2 diabetes: the Singapore Chinese Health Study. Am J Epidemiol 171 : 701−708 (2010)

- Øverby N.C., Lillegaard I.T.L., Johansson L. and Andersen L.F. High intake of added sugar among Norwegian children and adolescents. Public Health Nutr 7 : 285−293 (2004)

- Palmer J.R., Boggs D.A., Krishnan S., Hu F.B., Singer M. and Rosenberg L. Sugar−sweetened beverages increase risk for type 2 diabetes in African−American women. Arch Intern Med 168 : 1487−1492 (2008)
- Payne A.N., Chassard C. and Lacroix C. Gut microbial adaptation to dietary consumption of fructose, artificial sweeteners and sugar alcohols: implications for host-microbe interactions contributing to obesity. Obesity Reviews 13 : 799-809 (2012)
- Reiser S., Powell A.S., Scholfield D.J., Panda P., Fields M. and Canary J.J. Day−long glucose, insulin, and fructose responses of hyperinsulinemic and nonhyperinsulinemic men adapted to diets containing either fructose or highamylose cornstarch. Am J Clin Nutr 50 : 1008−1014 (1989)
- Rinninella, E., Raoul, P., Cintoni M., Franceschi F., Miggiano G.A.D., Gasbarrini A. and Mele M.C. What is the healthy gut microbiota composition? A Changing ecosystem across age, environment, diet, and diseases. Microorganisms. 7(1) : Article No. 14 (2019)
- Rippe J.M. and Angelopoulos T.J. Added sugars and risk factors for obesity, diabetes and heart disease. Intern. J Obes. 40 : S22-S27 (2016)
- Schulze M.B., Manson J.E., Ludwig D.S., Colditz G.A., Stampfer M.J., Willett W.C. and Hu F.B. Sugar−sweetened beverages, weight gain, and incidence of type 2 diabetes in young and middle−aged women. JAMA 292 : 927−934 (2004)
- Stanhope K.L. and Havel P.J. Endocrine and metabolic effects of consuming beverages sweetened with fructose, glucose, sucrose, or high−fructose corn syrup. Am J Clin Nutr 88 : 1733S−1737S (2008)
- Stanhope K.L. and Havel P.J. Endocrine and metabolic effects of

consuming beverages sweetened with fructose, glucose, sucrose, or high-fructose corn syrup. Am J Clin Nutr 88 : 1733S–1737S (2008)

- Suh K.H. The Effects of processed garlic on gastric mucosa injury in rats. Korean J Food Nutri. 7(3) : 223–231 (1994)

- Tappy L. and Lê K.A. Metabolic effects of fructose and the worldwide increase in obesity. Physiol Rev 90 : 23–46 (2010)

- Teff K.L., Elliott S.S., Tschöp M., Kieffer T.J., Rader D., Heiman M., Townsend R.R., Keim N.L., D'Alessio D. and Havel P.J. Dietary fructose reduces circulating insulin and leptin, attenuates postprandial suppression of ghrelin, and increases triglycerides in women. J Clin Endocrinol Metab 89 : 2963–2972 (2004)

- USDA CDC economic NHANES surveys :

- Yang Q., Zhang Z., Gregg E.W., Flanders W.D., Merritt R. and Hu F.B. Added sugar intake and cardiovascular diseases mortality among US adults. JAMA Internal Medicine 74(4) : 516–524 (2014)

- Zong G., Eisenberg D.M., Frank B., Hu F.B. and Sun Q. Consumption of meals prepared at home and risk of type 2 diabetes : An analysis of two prospective Cohort studies. PLOS Med 13(7) ; Jul PMC4933392 (2016)

- 고재성. 장내 미생물총과 인간의 질병. 대한소화기학회지, 62(2) : 85–91 (2013)

- 김재현, 제1형 당뇨병 환자의 진단 및 혈당조절 목표. J Korean Diabetes 16:101–107(2015)

- 나수영, 명승재. 비만과 대장암. 대한소화기학회지, 59(1) : 16–26 (2012)

- 노나연, 남소영, 강희숙, 이지은, 이수경, 제 1형 당뇨병 소아청소년의 영양지

식, 식태도, 식행동에 대한 실태조사. 대한지역사회영양학회지. 18(2) : 101-111 (2013)

- 노봉수, 김상용. 당알코올의 특성과 응용, pp33-60, 아세아문화사, 서울 (2000)

- 류기현. 장내 미생물과 췌담도계. 대한소화기학회지, 75(5) : 231-239 (2020)

- 백대일, 문현수, 신승철, 김광수, 치아를 지키는 감미료, 도서출판 건치, pp.15-37 (1998)

- 은창수. 장내 미생물과 염증 장질환. 대한의사협회지. 64(9) : 588-595 (2021)

- 최윤찬. 건강한 사람과 대사 질환 환자들의 장내 미생물총. BRIC View 2021-R16 : 1-11 (2021)

단맛 음식의 원리